Sua carreira é maior que seu emprego

Copyright © 2024
por Tiago Feitosa

Todos os direitos desta publicação reservados à Maquinaria Sankto Editora e Distribuidora LTDA. Este livro segue o Novo Acordo Ortográfico de 1990.

É vedada a reprodução total ou parcial desta obra sem a prévia autorização, salvo como referência de pesquisa ou citação acompanhada da respectiva indicação. A violação dos direitos autorais é crime estabelecido na Lei n.9.610/98 e punido pelo artigo 194 do Código Penal.

Este texto é de responsabilidade do autor e não reflete necessariamente a opinião da Maquinaria Sankto Editora e Distribuidora LTDA.

Diretor-executivo
Guther Faggion

Editora-executiva
Renata Sturm

Diretor Comercial
Nilson Roberto da Silva

Editor
Pedro Aranha

Revisão
Eliana Moura Mattos

Marketing e Comunicação
Rafaela Blanco, Matheus da Costa

Diagramação
Matheus Torres

Direção de Arte
Rafael Bersi

DADOS INTERNACIONAIS DE CATALOGAÇÃO NA PUBLICAÇÃO (CIP)
ANGÉLICA ILACQUA – CRB-8/7057

Feitosa, Tiago
Sua carreira é maior que seu emprego : construa uma história de sucesso no mercado financeiro / Tiago Feitosa
São Paulo: Maquinaria Sankto Editora e Distribuidora LTDA., 2024.
224 p.
ISBN 978-85-94484-20-8

1. Mercado financeiro – Carreira – Desenvolvimento 2. Sucesso nos negócios I. Título

24-0132   CDD-650.1

ÍNDICES PARA CATÁLOGO SISTEMÁTICO:
1. Mercado financeiro – Carreira – Desenvolvimento

Rua Pedro de Toledo, 129 - Sala 104
Vila Clementino – São Paulo – SP, CEP: 04039-030
www.mqnr.com.br

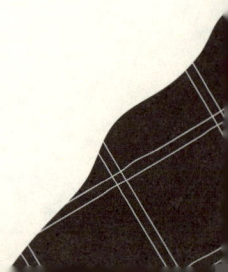

TIAGO FEITOSA

Sua carreira é maior que seu emprego

CONSTRUA UMA HISTÓRIA DE SUCESSO NO MERCADO FINANCEIRO

Este livro é dedicado a você que, assim como eu, ao chegar na vida adulta, se deu conta de que embora a educação formal nos tenha ajudado encontrar um emprego, ninguém nos ensinou a gerir a carreira.

> *"Uma jornada de mil quilômetros precisa começar com um simples passo."*
>
> LAO TZU

Sumário

Prefácio por Ana Leoni | **10**

O que uma história de sucesso tem? | **16**

CAPÍTULO 1
Mercado financeiro: o que existe além da Faria Lima? | **42**

CAPÍTULO 2
A estabilidade não existe, mas a segurança pode existir | **70**

CAPÍTULO 3
O método DRE | **94**

CAPÍTULO 4
Sua carreira é maior que seu emprego | 114

CAPÍTULO 5
O peso das habilidades essenciais | 138

CAPÍTULO 6
Você é uma marca | 154

CAPÍTULO 7
O poder da inteligência financeira | 170

CAPÍTULO 8
Encontre um propósito fora do trabalho | 192

CONCLUSÃO
Balanços | 206

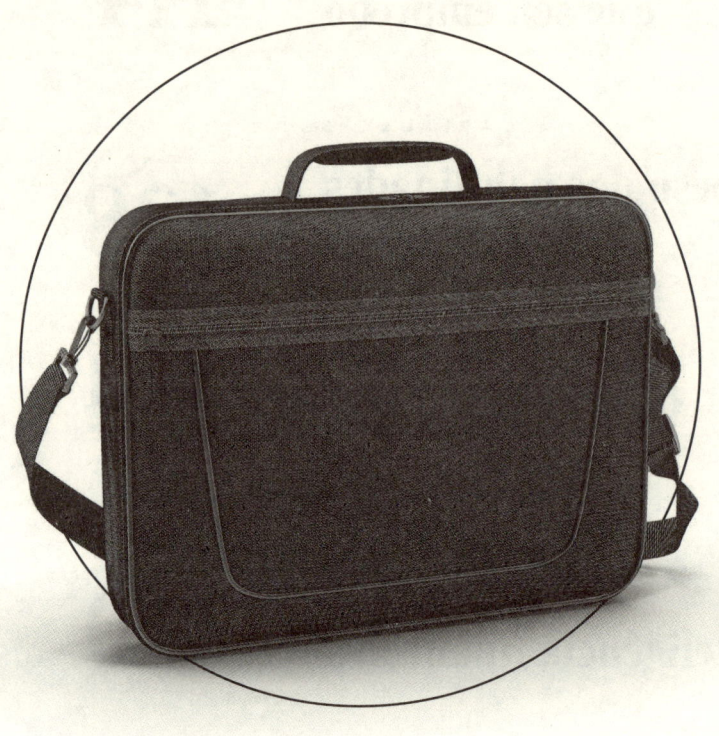

Prefácio por
Ana Leoni

Quem acompanha meus textos sabe que recorro com frequência ao dicionário em busca de definições que ajudem a esclarecer conceitos que muitas vezes se confundem. Para escrever este prefácio não foi diferente.

Segundo o dicionário Michaelis, **trabalho** é o conjunto de atividades, produtivas ou criativas, que se exerce para atingir determinado fim. Segundo essa mesma fonte, o **emprego** é uma ocupação em serviço público ou privado, um cargo, uma função ou uma colocação. Já a **carreira** está definida como qualquer profissão que ofereça oportunidades de progresso ou aquela em que há promoção hierárquica. Há ainda mais um termo que julguei necessário conceituar: **profissão**. Esse, definido como trabalho que uma pessoa exerce para obter os recursos necessários à sua subsistência; uma ocupação, um ofício.

Vezes concordo com as definições que encontro, vezes sinto-me desafiada a criar as minhas próprias definições. Desta vez não foi diferente.

Em minhas memórias mais remotas, me lembro de brincar de trabalhar. Não houve um período de tempo tão grande entre minhas memórias remotas e a realidade do meu primeiro emprego. Assim como o Tiago, comecei a trabalhar ainda na adolescência, por necessidade. Recordo-me de como era exaustivo ter de sair da escola minutos antes do sinal final tocar para não concorrer com a fila de alunos, e poder usar o tempo economizado em uma refeição rápida antes de o turno na loja de sapatos da pequena cidade litorânea começar. Foi essa rotina sobrecarregada que me fez aprender o valor de conquistar o próprio dinheiro. Mesmo ganhando pouco, foi ali que a necessidade deu lugar à vontade de construir um trilhar diferente.

Aprendi desde muito cedo que o trabalho é o caminho mais curto para a realização de qualquer que seja o objetivo de vida, sendo necessário, sim, executar inúmeras e exaustivas atividades produtivas.

Aprendi também que o trabalho tem muitas formas de execução, sendo o emprego apenas uma delas. Levou tempo, mas descobri, a duras penas, a transitoriedade do emprego. Esta é, portanto, a minha definição para ele: *Emprego — um meio transitório* de chegar a algum lugar. Como um trem que te leva de uma estação para a outra. Um avião que cruza o céu e te leva a outro país. Ou um navio que atravessa o oceano e te faz atracar em outro continente. O emprego te ajuda a desbravar, mas é apenas um meio para tal, pois nem o trem, nem o avião e muito menos o navio lhe pertence.

O trajeto percorrido por meio dos empregos da vida ajuda a edificação daquilo que é o essencial, o mais importante: **a carreira.** E esta é a minha definição: ***carreira*** *é aquilo que se constrói ao longo da vida, por meio do trabalho exercido de maneira ética, sustentável, com o melhor uso dos recursos disponíveis, sejam eles próprios ou de terceiros, a fim de desenvolver novas competências – individuais e coletivas, em um constante* *aprendizado cuja propriedade é perpétua*. Dela, inclusive, pode-se derivar infinitas profissões.

Durante as minhas quase quatro décadas de vida profissional, entendi, na prática, a diferença entre todos esses conceitos. Meu primeiro emprego foi aos 14 anos. Minha primeira demissão aos 22. O que separou a vendedora de sapatos da cidade de Itanhaém da superintendente executiva em uma das mais respeitadas associações do mercado de capitais e da atual comunicadora foi a **carreira** construída entre esses extremos. Os 11 registros em minha carteira de trabalho foram apenas o meio. O trem, o avião, o navio.

Vale ressaltar que essa não é uma viagem solitária. Para sua solidez, há a necessidade de esforço coletivo, pessoas dispostas a ensinar, construção de relações, muito empenho, estudo constante, boa dose de humildade e resiliência criativa.

Tiago foi feliz em sintetizar neste livro sua visão sobre o assunto. Ele faz da própria experiência uma fonte de inspiração e um momento de reflexão sobre as escolhas profissionais que fazemos ao longo da vida. Nessa obra, ele se dispõe a ajudar não somente os que querem ajuda, mas principalmente os que querem se ajudar.

Pode parecer semântico, coisa de dicionário. Mas garanto que essa é a verdadeira diferença entre os que se agarram a bons empregos daqueles que constroem sólidas carreiras.

O emprego aprisiona os que não se dão conta da sua transitoriedade. Os libertos são os que constroem uma carreira consistente e paciente ao longo dos anos. Afinal, a carreira é e sempre será infinitamente maior do que qualquer emprego.

Boa leitura.

ANA LEONI

Especialista em Comportamento Financeiro, representante do Brasil no comitê técnico do FPSB (Financial Planning Standards Board), que discute as diretrizes de qualificação para a profissão de planejadores financeiros ao redor do mundo; foi eleita pela Forbes como uma das mulheres mais influentes para acompanhar no mercado financeiro.

O que uma história de sucesso tem?

O QUE UMA HISTÓRIA DE SUCESSO TEM?

O que determina o sucesso de uma pessoa? Nascer em uma família bem-estruturada e rica garante passos à frente? Grandes oportunidades de estudo em instituições de ensino de renome? Constância? Organização financeira? São tantas perguntas porque, na verdade, não há uma resposta única e objetiva para esse questionamento. Eu mesmo, por exemplo, tenho uma carreira bem-sucedida hoje, mas apanhei demais no caminho até aqui, passei por algumas rotas que podem ser consideradas nada convencionais e vivi coisas que podem ser vistas como antíteses da imagem de um profissional de sucesso.

Por exemplo: ser demitido.

Meu nome é Tiago Feitosa, trabalho no mercado financeiro há mais de 18 anos e hoje atuo formando outras pessoas que querem trabalhar na área. Eu ajudo profissionais a se prepararem para as certificações que são exigidas nesse setor e, neste livro, mais do que falar sobre elas – um tipo de conteúdo que já está disponível nas minhas redes sociais e nos cursos que ofereço por meio da T2 Educação –, quero mostrar para você, leitor e leitora, que o mercado financeiro tem diversas oportunidades, realmente muitas portas de entrada; mas, sobretudo, quero te auxiliar na jornada de construir uma carreira de sucesso. Entretanto, antes de começarmos a nossa conversa sobre o desafiador mercado financeiro, eu quero contar um pouco mais sobre mim, sobre a minha trajetória e as experiências que me trouxeram até aqui. Acredito que conhecer mais da minha história te motivará a persistir e acreditar mais em você, pois, como eu disse, a história da minha vida é o oposto do que você está acostumado a ver nos cases de sucesso por aí.

Logo quando comecei a pensar e elaborar este livro, uma lembrança muito particular me veio à mente. Com o passar do tempo, pude perceber que tal acontecimento teve bastante influência sobre a minha vida e, principalmente, sobre minha relação com o dinheiro. Eu nasci e cresci na Zona Leste de São Paulo, em um bairro chamado Vila Nova Curuçá, que faz parte de uma região periférica da cidade. Isso é um primeiro marco porque é um bairro localizado a quase 60 quilômetros da região da Faria Lima, avenida conhecida como centro financeiro de São Paulo e do país, que concentra grande parte das empresas — e decisões — do mercado financeiro.

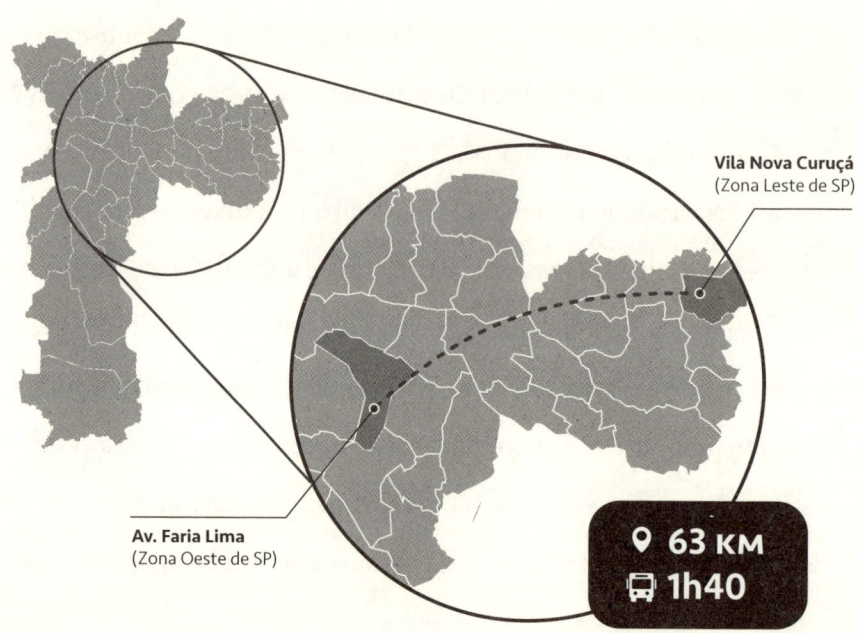

Mas havia outra distância incalculável, que é a distância social entre esses dois pontos. Minha família era de origem simples; eu estudava em escola pública e, desde cedo, precisei trabalhar para ajudar meus pais a fecharem as contas no final do mês. Em determinado momento da minha infância, meus pais começaram a trabalhar como feirantes: eles compravam frutas e vendiam em barracas nas feiras, e eu, obviamente, sempre estava por perto. Com esse trabalho, eu vi meu pai falir algumas vezes, mas a última delas foi a mais marcante. Lembro-me de que eu tinha por volta de 15 anos e vi meu pai sair de casa pela manhã com o objetivo de negociar uma dívida. Ele saiu com o caminhão que usava para transportar as frutas e os produtos vendidos na feira. Ele voltou a pé, porque teve de deixar tudo para trás como forma de pagamento da dívida. Ou seja, sem a ferramenta essencial para que a família pudesse exercer o trabalho que sustentava a casa.

Aquele episódio me marcou muito e, ao relatá-lo nestas páginas, eu consigo revisitar o cenário, os sentimentos, o momento.

Naquele dia, uma segunda-feira, como de costume, estava sentado na calçada de casa, quando de repente vejo meu pai no começo da rua subindo a pé. Claro que fiquei sem entender o que estava acontecendo. Ele havia saído há poucas horas dirigindo um caminhão cheio de coisas e estava voltando a pé? Como assim? Aquilo não fazia sentido. Onde estava o restante das coisas?

Eu lembro do rosto do meu pai naquela segunda-feira. Mesmo

sem falar uma palavra, era como se ele transparecesse a preocupação financeira que minha família estava vivendo. Meu pai é um homem que passou por muita dificuldade na vida. Ficou órfão de mãe aos três anos de idade e seu pai, meu avô, criou os filhos com muita violência, é verdade. Se você é um pouco mais velho ou já ouviu a história de pessoas mais velhas, deve imaginar como era a criação dos filhos na década de 1960.

Ele não conseguiu sequer concluir o ensino fundamental e, aos 12 anos, veio de sua cidade natal (Lapão, interior da Bahia) para São Paulo com dois objetivos:

1. Deixar de viver na casa do pai e da madrasta, devido à violência que sofria.
2. Morar com a irmã mais velha e começar a trabalhar para ganhar algum dinheiro.

Conto essa história para concluir um grande ensinamento que tive com todo esse episódio do meu pai. Aqui, que a verdade seja dita, o ensinamento não foi somente de meu pai, mas de meus pais. Ele e minha querida mãe estiveram juntos em todas as dificuldades financeiras que passaram.

O que eu tirei disso é que, ainda que você tenha de perder tudo, lute para manter sua dignidade. Meus pais talvez nem saibam disso, mas, com esse episódio, eles me ensinaram muito mais do que o resto de minha vida inteira pode ensinar. Aliás, aproveito aqui para registrar publicamente meu agradecimento a eles. A você, leitor, peço uma licença para deixar um recadinho aos meus velhos.

Pai, mãe, obrigado por tudo que me ensinaram. Eu sei que hoje vocês se orgulham dos filhos que têm: não só de mim, mas do Fê e da Lu também. Saibam que nós só chegamos aonde estamos hoje pelo exemplo que vocês nos deram. Amo vocês!

Homenagens feitas, agora voltemos à história. Talvez você até esteja pensando que o que vou dizer agora é que, com as experiências de falência do meu pai, eu aprendi a ter uma boa relação com o dinheiro e foi daí que veio minha fonte para o sucesso. Mas, como diz um famoso ditado popular, "Nem tudo é tão preto no branco". Em outras palavras, as coisas, sobretudo as histórias, não são tão simples assim e as dificuldades financeiras que observei e vivenciei com minha família não me impediram de passar por muitos sufocos na vida adulta. Pelo contrário. Mesmo com o exemplo e o sofrimento que isso trouxe, eu também passei por mais de uma experiência de falir e perder todo o dinheiro que estava investido em alguma ideia ou algum projeto. Mas a experiência que eu tive em casa, com a minha família, me ensinou a ser resiliente e, por que não, até um pouco criativo – porque é a criatividade que, muitas vezes, nos leva a pensar em negócios e estratégias diferentes que nos ajudam a sair do fundo do poço das dívidas. No decorrer das próximas páginas, eu vou contar com mais detalhes essas minhas histórias de falência, mas quero fazer isso seguindo uma ordem cronológica dos acontecimentos, para mostrar, na prática, como fui parar no mercado financeiro. Mais que isso, quero com a minha história mostrar que você também pode sacudir a poeira, levantar a cabeça, movimentar sua carreira e dar um passo inicial dentro dessa área.

Sobre minha infância, não há muitas histórias fora da curva para contar. Éramos uma família simples e humilde, mas bem-estruturada. Meus pais representaram figuras paterna e materna boas e importantes na construção do meu caráter. Nesse contexto de núcleo familiar, meu pai sempre pediu que eu e minha irmã ajudássemos a ele e à minha mãe com as coisas da feira. Tenho outro irmão, mais novo, que não viveu essa mesma experiência porque, quando ele tinha idade, as nossas situações de vida já eram um pouco diferentes. Como o dinheiro é um bem escasso e, no caso da minha e de tantas outras famílias da periferia, é um bem mais escasso ainda, eu e minha irmã trabalhávamos na feira com nossos pais para que o pouco que tínhamos não precisasse ser destinado a pagar mão de obra de fora, e assim foi por bons anos.

Foi ali, também, que tive meu primeiro contato com o mercado financeiro, mesmo que na época eu não entendesse dessa forma. Eram outros tempos e, naquele período, a principal forma de pagamento pelos produtos em feira era dinheiro vivo. Se nem os cartões de débito e crédito tinham tanta força, o *Pix* era algo que nem em sonhos imaginávamos. Logo, para ter dinheiro na conta, o processo era o seguinte: nós recebíamos as notas e moedas na feira, juntávamos todo o saldo das vendas daquele dia e íamos até uma agência bancária para depositar aquele montante na conta. Eu sempre acompanhava minha mãe nesse processo e foi assim que me encantei com o mundo financeiro. Sabe aquela história de que as pessoas sempre querem o que não têm? Talvez fosse essa a lógica que eu tinha na minha infância em relação a essa questão do dinheiro, e foi isso que me chamou tanto a atenção. Como eu disse há algumas linhas, o dinheiro, para minha família, era um bem bastante escasso, então ir até o banco e ver os funcionários pegando e lidando com tanto dinheiro me encantava. Foi assim que a primeira chama foi acesa dentro do meu inconsciente, o que me levaria a, mais para frente, migrar para o mercado financeiro.

Vivemos dessa forma por algum tempo até que, lá nos meus 15 anos, quando contei que meu pai teve que deixar até o caminhão e a barraca de frutas para pagar as dívidas, eu precisei encontrar outra forma de ajudar minha família financeiramente. A situação estava bastante apertada, então eu arranjei um trabalho de empacotador numa famosa rede de supermercados. A unidade em que eu trabalhava era localizada no Itaim Paulista. Imagino que para um leitor que não é da Zona Leste de São Paulo seja difícil de se localizar ao pensar no Itaim Paulista, mas, para que você tenha uma noção da distância, eu morava na Zona Leste e, ainda assim, aquele bairro (que é da mesma zona) ficava longe para mim. Em uma busca rápida em aplicativos de GPS na internet, em um momento de trânsito livre e com todos os avanços de corredores de ônibus que temos hoje, o tempo mínimo de viagem entre um bairro e outro era de 1 hora, com a necessidade de tomar, pelo menos, dois ônibus. Assim que a condição financeira me permitiu, aliás, comprei uma bicicleta a fim de ir para o trabalho com ela. Minha ideia era, justamente, economizar o valor do vale-transporte, o que já fazia uma diferença danada no fim do mês.

De empacotador, me tornei repositor e, com um pouco mais de confiança que fui construindo dentro do local de trabalho, virei fiscal de caixa. Esse trabalho ocorria simultaneamente aos meus estudos de ensino médio, realidade de 3 a cada 10 alunos brasileiros segundo um levantamento do Instituto *Todos Pela Educação*.[1] Ao concluir a escola, então, eu me vi um pouco sem rumo. Não sabia o que fazer, não tinha em mente, ainda, o que eu gostaria de estudar e, além disso, eu nem tinha dinheiro para pagar a faculdade particular, nem conhecimento de base para ingressar em uma universidade pública.

Então, continuei trabalhando no supermercado e, durante o hiato de um ano, comecei a me questionar a respeito do que gostaria de fazer na minha vida. Comecei a me incomodar com a ideia de trabalhar naquele lugar para sempre – não que haja algum problema, mas não era o que eu queria para mim – e foi nesse momento que surgiu a ideia de estudar Matemática. Um dos principais motivos para eu ter escolhido esse curso

---

[1] Confira mais em: https://g1.globo.com/jornal-nacional/noticia/2022/08/12/tres-em-cada-dez-alunos-do-ensino-medio-da-rede-publica-tambem-trabalham.ghtml

é que ele tinha um valor mais acessível do que uma faculdade voltada para a área de negócios, como administração, por exemplo. Além disso, era um curso mais curto, com duração de três anos, e eu acreditava que, dentro desse tempo, eu estaria apto a dar aulas de matemática e física. Outro ponto interessante de mencionar é que, depois de ter trabalhado por anos ainda muito jovem durante todos os fins de semana, eu queria ter a possibilidade de ter folgas aos sábados e domingos e acreditava que, dando aulas, a minha vida de trabalhar de segunda a sexta seria possível. Hoje entendo muito melhor que o trabalho do professor não acaba com o fim da aula, mas era o que se passava na minha cabeça naquela época, e quem já trabalhou ou trabalha em fim de semana vai entender do fundo do coração o que eu estou falando, não é mesmo?

Assim, após um ano da minha formatura no ensino médio, comecei minha licenciatura em Matemática numa faculdade que, hoje em dia, nem existe mais. O nome dela era Unicastelo, e essa era uma instituição com bastante presença na região em que eu morava. Eu me lembro de, no primeiro ano de estudos, sentir certa frustração ou quebra de expectativa com a grade curricular, porque o que aprendia naquele momento era mais voltado para geometria e afins. Sentia muita falta e queria logo começar a aprender sobre matemática financeira, calcular porcentagens, entender a lógica por trás dos juros compostos... era aquilo que eu estava buscando. Foi só no segundo ano de faculdade que comecei a ter aulas sobre esses temas que me encantavam.

Enquanto isso, enfim uma boa notícia: consegui outra promoção dentro do supermercado em que trabalhava e passei a atuar no setor financeiro da empresa, ficando mais próximo do universo prático do que estava aprendendo. Além disso, com a chegada do segundo ano na faculdade, aos alunos era oferecida a oportunidade de dar monitorias aos sábados para os ingressantes do curso, que tinham dúvidas em alguma disciplina específica: no caso, Cálculo Diferencial Integral. Claro que a boa notícia não era ir para a universidade também aos sábados, e sim o que vinha com isso: aqueles que trabalhavam como monitores aos fins de semana eram recompensados com uma bolsa de estudos. Como já se passaram alguns bons anos desde aquela época, eu não consigo me lembrar com exatidão se a bolsa oferecida era de 10% ou 20%, mas, independente disso, a menor porcentagem fazia toda a diferença para mim, que lutava para sobreviver com um salário!

Acho até importante pontuar que, embora eu não tenha tido uma vida privilegiada pelo dinheiro e tenha encontrado muitos desafios no meio do caminho, um grande e importante privilégio eu tive na época da faculdade. Meus pais entendiam a diferença que os estudos podem ter na vida de alguém e, por isso, naquele período, eu pude usar o dinheiro do meu trabalho para bancar a minha educação superior, sem precisar ajudar em casa. Nesse sentido, aproveitar um desconto na mensalidade era um presente dos céus.

Os anos se passaram, eu me formei e continuei trabalhando no setor financeiro do supermercado. É até interessante pontuar que, como meu diploma era de licenciatura, eu precisei fazer um período de estágio supervisionado em uma escola, mas, no pouco tempo que permaneci ali, consegui perceber que eu não tinha vocação para dar aulas para crianças e/ou adolescentes de ensino fundamental e médio. Em contrapartida, na minha experiência com a monitoria na faculdade descobri o talento para ensinar matemática a outros públicos, e os próprios alunos comentavam comigo que gostavam da minha didática. Mas essa aptidão para o ensino ficaria guardada por um bom tempo ainda.

Durante meu período de trabalho no supermercado, comecei a ter contato com profissionais de outras empresas do setor financeiro e me apaixonei cada vez mais pela ideia de trabalhar em bancos. Passei a mandar currículos e me candidatar a diversas vagas, mas nada dava certo. Foi nesse momento que decidi fazer uma pós-graduação em Administração de Negócios Bancários na Fundação Armando Álvares Penteado (FAAP). Escolhi esse curso porque eu já tinha decidido que queria trabalhar em bancos e entendia que aquele conteúdo poderia ajudar a me posicionar melhor como um competidor dentro desse mercado. Mas esse não foi o único motivo. Eu também acreditei que, naquele ambiente, as chances de conhecer alguém que já trabalhasse em bancos e pudesse me dar uma oportunidade eram grandes. De fato, conheci muita gente bacana que até tentou me ajudar, mas as coisas ainda não aconteciam. Você já deve ter ouvido alguém falar que "cada coisa tem seu tempo", principalmente em momentos nos quais desejamos muito alguma coisa, mas não conseguimos. De fato, as coisas têm seu tempo, mas não é fácil passar pela espera.

Já tem um tempo desde que fiz essa pós, mas, apenas em valores nominais, para dar uma dimensão de como andava minha vida financeira naquele momento, eu ganhava algo em torno de R$900 com meu trabalho e pagava cerca de R$750 na mensalidade do curso. Naquela época, eu já era casado com minha ex-esposa e tínhamos um combinado de que ela cuidaria da maior parte das contas enquanto eu estivesse estudando, porque a pós-graduação seria uma grande virada de chave na minha carreira e, consequentemente, na nossa vida financeira. Embora eu não tenha conseguido grandes oportunidades apenas por meio do networking com meus colegas, foi no período da pós que eu passei a ter mais "sangue nos olhos" para conseguir uma vaga em algum banco.

A primeira tentativa foi em maio de 2005, quando participei de um processo seletivo no Santander. Não vou mentir, fui detonado, mas a experiência me preparou demais para os próximos capítulos da minha carreira. Hoje eu brinco com o assunto, mas eu era tão despreparado naquele momento, que, em uma das etapas do processo seletivo, me foi pedida uma apresentação com dois slides sobre mim e eu entreguei, em vez de dois slides, dois arquivos inteiros. Sim, dois arquivos. Eu não entendia o funcionamento do *Power Point* e, em vez de dois slides, entreguei dois arquivos com vários slides dentro de cada um. Há males que vêm para o bem.

Pouco tempo depois desse processo seletivo, o Itaú Unibanco ganhou uma licitação para a prefeitura de São Paulo e precisava abrir, em tempo recorde, cerca de 210 mil contas – que era o número de pessoas cadastradas na folha de pagamentos do governo. Para essa megaoperação e para atender a toda essa quantidade enorme de gente, o banco precisava de mais pessoal e começou um grande processo seletivo. Fui muito mais preparado e foi ali que consegui minha oportunidade e fui um dos contratados. A oportunidade era tão boa, que, quando fui conversar com o pessoal de recursos humanos do supermercado em que eu ainda trabalhava, eles mesmos me incentivaram a seguir com a carreira no banco. O gestor de Recursos Humanos que me atendeu até comentou que eles estavam com uma promoção em andamento para mim, mas que, diante de uma proposta vinda do Itaú, eles não tinham muito o que fazer.

Foi aí que passei pela minha primeira grande mudança de vida. Além de o salário ser significativamente maior, eu comecei a trabalhar em um local que era muito mais próximo à minha casa. Nessa época eu ainda morava na Vila Curuçá e a agência em que eu comecei a trabalhar era em Guaianases, ou seja, cerca de 15 minutos de ônibus. Já o setor financeiro do supermercado, onde eu estava antes, era na Avenida Paulista, no centro da cidade, o que levava muito mais tempo: gastava pelo menos 1h30 para ir e 1h30 para voltar de transporte público. Vale lembrar que, naquela época, a malha metroviária e até os ônibus eram muito menos desenvolvidos do que são hoje e a demora de locomoção de um lado para o outro com o transporte público era ainda mais difícil.

Comecei então a trabalhar no Itaú e ainda estava finalizando meu curso de pós-graduação. Essa combinação de fatores me conferiu uma vantagem na hora de prestar minha primeira prova para obter a primeira certificação necessária para trabalhar em bancos, a CPA-10 (Certificação Profissional ANBIMA Série 10). Como os conteúdos estavam relativamente frescos na minha memória, consegui a aprovação na prova com um total de 94% de acertos.

O FANTASMA DA DEMISSÃO

Depois de todos os desafios financeiros familiares que me acompanharam desde a infância, o sucesso veio com a contratação pelo banco. Como contei, minha primeira experiência lá dentro foi em uma agência em Guaianases, onde eu atendia aos clientes de varejo – o que, na prática, se refere ao cliente pessoa física do banco. A rotina de trabalho ali dentro era insana. Meu contrato era de seis horas por dia e, em tese, meu horário era das 10h às 16h. Eram poucas às vezes, no entanto, em que eu saía nesse horário. Costumava fazer duas ou até três horas extras por dia, porque havia muito trabalho a ser feito.

Em menos de um ano fui promovido a um cargo de assistente de gerência e, para isso, fui transferido para outra agência, dessa vez no bairro de São Miguel Paulista, que era uma das maiores da Zona

Leste naquela época. Lembro-me de ter pensado: "Caramba, se em uma pequena agência de bairro eu já faço tanta hora extra, agora é mais fácil eu levar um colchão inflável para o trabalho e só voltar no fim de semana". Grato engano. Logo nos primeiros dias no novo local eu percebi que, quando o horário de saída se aproximava, os funcionários já começavam a organizar as coisas para voltar para casa. Foi ali que tive um dos melhores gestores da minha vida, o Antônio Carlos, ou Carlão, como era conhecido, que infelizmente já faleceu, mas que me ensinou demais a ser um profissional e a me tornar um gestor melhor. Foi com ele que eu aprendi que, se eu não consigo fazer o meu trabalho dentro do horário que foi estabelecido para aquela tarefa, algo de errado existe com o meu serviço ou com a empresa. Ele também me ensinou muito sobre vendas, comunicação, e me aprimorei em diversos segmentos da minha vida e atividade profissional.

Fui passando por mais algumas promoções dentro do banco e mudei mais uma vez de agência, migrando para São Mateus, também na Zona Leste paulistana. Lá conheci mais uma pessoa que seria importante na minha trajetória, um outro Tiago. Ele chegou ali já em um cargo de gerência, e veio transferido de uma financeira para uma área do Itaú que prestava serviços para o Grupo Pão de Açúcar. Com algum tempo em São Mateus, o banco resolveu encerrar as operações dessa instituição financeira, mas disse aos funcionários que aqueles que tivessem a certificação CPA-10 poderiam ser reaproveitados em outras áreas do banco. Foi então que esse meu colega pediu que eu desse aulas para os outros funcionários da financeira que ainda não tinham a certificação, para auxiliá-los na prova e assim "salvarem" seus empregos. No começo fiquei relutante com a ideia, mas depois de alguma insistência aceitei a proposta e cobrei R$50 de cada aluno.

O primeiro desafio foi encontrar um lugar para dar essas aulas. Vale lembrar que, naquela época, por volta de 2010, as aulas online não eram uma realidade tão presente na vida das pessoas como é hoje. Para não dizer inexistente. Lembra que mencionei o gerente que veio transferido de uma financeira para uma área do Itaú que atendia o Pão de Açúcar? Pois bem, todos os funcionários daquela financeira ficavam alocados numa loja do supermercado Extra e o gerente do Extra ofereceu uma sala de reuniões e ali realizamos as duas primeiras aulas, sem grandes problemas. No terceiro encontro, porém, quando cheguei para dar a aula, reparei que todos estavam meio cabisbaixos e, ao perguntar o que tinha acontecido, me informaram que aquele mesmo gerente não queria mais que a sala fosse usada. Aqui entra a criatividade na hora de solucionar problemas; o jeito que encontrei de continuar com as aulas foi usando a sala da casa da minha mãe, que ainda morava na Vila Nova Curuçá, onde nasci. Ali terminamos todos os encontros, e todos desse primeiro grupo de alunos conseguiram a aprovação na prova.

É engraçado pensar que, por mais que hoje meu trabalho seja justamente esse, ajudar pessoas a passarem nas provas de certificações do mercado financeiro, naquele momento nem sequer passou pela minha cabeça a ideia de que eu poderia construir uma carreira com isso, tanto que seguia minha vida trabalhando no banco, sendo promovido mais uma vez mais e transferido para uma agência em Atibaia. Eu já ia para o trabalho de carro naquela época, mas a distância ainda era bem longa e, todos os dias, percorria cerca de 77 quilômetros para ir e outros 77 quilômetros para voltar do trabalho.

Foi aí que a maré boa acabou e passei a viver um perrengue atrás do outro, mais uma vez.

Em 2011, com quatro meses da última promoção, recebi a notícia de que estava sendo demitido do banco por uma performance abaixo do esperado no cargo em que me colocaram, como gerente de plataformas. Aquilo me frustrou e desesperou demais, por alguns motivos. Primeiro: aquele era o sonho da minha vida; trabalhar no banco, e no banco Itaú, era tudo que eu tinha almejado e muito mais do que muitas pessoas que me cercavam tinham conquistado. Segundo e mais doloroso: como é que alguém pode decidir por mim que a partir de determinado momento eu simplesmente vou deixar de receber o meu salário?

Além da frustração profissional daquele momento, em 2011 eu já tinha minha filha, à época com cinco anos, e já havia me separado da mãe dela, então tinha muitas responsabilidades financeiras com as quais não poderia falhar de jeito nenhum. E como arcar com isso quando você é demitido? Estou escrevendo este livro sobre como ter uma carreira inabalável no mercado financeiro, mas eu mesmo fui demitido de um emprego dentro de um banco, após anos de serviço. Demissões, contratações, novas propostas, chefes, empresas, projetos... tudo isso vem e vai o tempo todo, mas a resiliência e o conhecimento que adquirimos ao longo do processo são o que mantém a nossa carreira inabalável, porque somos mais do que um emprego.

Uma carreira inabalável é justamente sobre isso. Não é uma carreira livre de percalços, mas uma carreira que se sustenta, que se reestrutura, mesmo com as mudanças e os desafios que certamente vão ocorrer.

Logo que fui demitido, passei alguns meses tentando me recolocar em outro banco – afinal, era o mundo que eu conhecia —, mas nenhum processo seletivo deu um retorno positivo. Tive uma triste constatação: eu não tinha me atualizado. Eu tinha minha certificação CPA-10, mas durante o tempo no Itaú não busquei qualquer avanço para além disso, não tirei outras certificações, não me especializei em nada mais, não construí pontes no mercado que pudessem me conectar naquele momento... Sinceramente, eu me sentia perdido naquela fase, mas, diferentemente da época em que terminei o ensino médio, agora eu já tinha uma filha para sustentar e dezenas de outras responsabilidades. A fim de pagar as contas, comecei a dar consultoria financeira para alguns clientes pessoa jurídica que tinha na minha carteira do banco. Atendi, por exemplo, duas escolas; eu auxiliava com tudo que envolvia a organização financeira das instituições.

Em paralelo a isso, um colega de banco que saiu da empresa na mesma época que eu veio atrás de mim com uma proposta. Ele era bastante engenhoso e tinha um espírito empreendedor. Propôs uma parceria para a criação de um lava-rápido ecológico, que fazia lavagens a seco. Aceitei; o nosso modelo de negócio era ir, com os nossos próprios kits de limpeza, até os clientes. Chegamos até a acreditar que o negócio era tão promissor, que chegaria um momento em que abriríamos franquias, mas a ideia não foi para frente por muito tempo. Meu sócio acabou passando em um concurso público para a Caixa Econômica Federal e, entre as incertezas do empreendimento e a segurança e estabilidade oferecidas por um cargo público, ele obviamente optou por ficar com a Caixa, onde está até hoje.

Fiquei de novo sem saber o que fazer, mas foi nessa época que comecei a namorar minha atual esposa, a Tais, minha parceira e sócia nos negócios até hoje. Continuei com a consultoria financeira com alguns clientes e fiz um curso de coaching, em um momento no qual a indústria de coachings não era tão movimentada como é hoje. Conheci, ali, as páginas de um empreendedor que admiro muito, chamado Seiiti Arata.

Assistindo aos conteúdos do Seiiti Arata, percebi que um dos assuntos de que ele tratava era algo que eu sabia e do qual também poderia falar: inteligência financeira e finanças. Depois de alguns anos trabalhando no banco, eu tinha adquirido conhecimentos mais expressivos sobre mercado financeiro, mercado de capitais, investimentos e afins.

Observando o que ele fazia, encontrei uma oportunidade de negócio: falar sobre finanças.

> "Invista suas economias para que elas lhe deem lucros. Reinvista os lucros. Escolha baixo risco e lucros garantidos. Evite perder dinheiro em negociações arriscadas, em golpes que oferecem lucros astronômicos com pouco esforço. Evite investir onde você não entende. Primeiro, adquira conhecimento. Aumente sua capacidade de ganhar mais."
> **Seiiti Arata**

Pode até parecer confuso – e realmente foi – pensar que alguém que não estava no melhor momento financeiro da vida queria dar aulas sobre finanças. A verdade é que eu sabia os conteúdos, sabia tudo o que precisava, mas não aplicava da maneira mais adequada na minha vida. Com o tempo e a maturidade as coisas mudaram (e MUITO!).

Com a conclusão do curso e com a ajuda da Tais e mais alguns colegas, desenvolvemos um projeto que chamamos de "Congresso de Finanças". Nós convidamos alguns especialistas do segmento, gravamos diversos vídeos e fizemos, para essas pessoas, palestras gratuitas sobre temas relacionados às finanças. Lá em 2014 não havia influenciadores de finanças e nem tantos conteúdos sobre o assunto nas mídias sociais. Após as palestras gratuitas, oferecíamos a possibilidade de consumir aquele conteúdo de novo, de forma online, como se fosse um streaming. Quem optasse por essa possibilidade pagava uma taxa e obtinha o "acesso diamante". Em cerca de uma semana, conseguimos um faturamento de cerca de R$ 40 mil no projeto que consideramos que deu muito certo, até porque era nosso primeiro negócio. O grande problema é que não planejamos o que viria depois de colocar esse congresso no ar, e a ideia se esvaziou por si só. Dos R$ 40 mil, a maior parte foi usada para pagar as contas que tivemos para colocar o projeto no ar e, no fim das contas, cada um envolvido no congresso ficou com pouco mais de mil reais de lucro.

Mais uma vez, fiquei sem saber o que fazer, mas isso durou pouco – feliz ou infelizmente, fica a seu critério julgar com base nos próximos passos que vou contar aqui. Era época de calor em 2014 e uma febre estava espalhada pelo Brasil, principalmente aqui em São Paulo: as *paletas* mexicanas. Almoçando em um shopping próximo ao coworking em que trabalhávamos para organizar o congresso, decidi que seria um bom investimento ter uma paleteria. Não preciso nem dizer que foi uma péssima ideia, né? Falimos.

Eu e Tais resolvemos ir para Ubatuba, cidade do litoral paulista, para vender paletas mexicanas no verão de 2014-2015. A ideia inicial era apenas vender durante o verão, juntar uma grana e voltar para São Paulo. No entanto, com a empolgação, nos mudamos de mala e cuia para Ubatuba para fazer o negócio prosperar. No primeiro mês, em dezembro de 2014, vendemos absurdos, uma maravilha. Em janeiro de 2015, as vendas começaram a cair, mas ainda se seguravam, e assim foi até o carnaval, quando passamos para uma estagnação total. Se não há turista na praia, ninguém vende sorvetes, muito menos *paletas* mexicanas, que eram apenas uma febre.

Me vi quebrado. Mais que isso: repeti o mesmíssimo padrão dos meus pais. Eu narrei há algumas páginas o problema financeiro do meu pai na época de feirante, e vale ressaltar que ele e minha mãe quebraram juntos – e se recuperaram juntos também. Comigo e minha esposa foi a mesma coisa.

Lembra que eu disse que as coisas acontecem quando têm que acontecer? Pois bem! No meio dessa falência, outro colega da época do banco, o Flavio, me chamou pelo Facebook porque lembrou que eu tinha ajudado aquelas pessoas a tirarem sua certificação de CPA-10. A certificação dele tinha vencido, ele precisava renová-la, mas não estava com o conteúdo fresco e precisava de ajuda. Então, eu me organizei com algumas apostilas de outros professores que eu encontrei pela internet e o ajudei — lembro que na época cobrei cerca de R$200 para dar as aulas — de forma online, para estudar para a prova. O resultado? Ele conseguiu a aprovação com 84% de acertos.

Vendo isso, Tais ficou empolgada e acreditou em montar uma empresa de educação. Nós já entendíamos de marketing digital e eu tinha habilidade na ministração de aulas, na relação de aprendizado com os alunos e na expertise das certificações. A ideia do curso seria os alunos conseguirem as certificações, e, assim, desenvolver um curso online, que poderia ser vendido. Demorei um tempo até acreditar no potencial da ideia e até tive alguns percalços no meio do caminho. Só para dar uma dimensão do cenário, até problema com fornecedores tivemos: um cara que contratamos para ajudar com o projeto simplesmente desapareceu e nos deixou na mão. Mas, com a insistência da Tais, resolvemos gravar conteúdos em casa mesmo, com o celular e um microfone de lapela. Detalhe: a gente que editava e fazia tudo, enquanto dividíamos a atenção e o tempo com a paleteria, que, naquele momento, ainda estava aberta, mesmo com o baixo número de vendas. O curso foi lançado e, um tempo depois, em 23 de janeiro de 2016 fizemos nossa primeira venda para uma pessoa no Rio Grande do Norte, que pagou os R$ 297 pelo curso.

Mantivemos a paleteria até o carnaval daquele ano e, depois disso, decidimos focar apenas o negócio de cursos, nos dividindo entre todas as funções. Naquela época, a marca se chamava "Passar na ANBIMA" e vendíamos cerca de um curso a cada dois ou três dias. Nossa meta era chegar a um curso vendido por dia. Como diferencial, passei a oferecer aulas ao vivo todas às quartas-feiras e aos sábados, religiosamente, para tirar dúvidas dos alunos. Não importava onde eu estivesse, o clima do dia, ou qualquer outro fator de adversidade. Cheguei a dar uma aula em um espaço apertado no salão de festas de um prédio porque no dia da aula ao vivo um parente da minha esposa fazia aniversário. Tudo isso insistindo no projeto para que ele desse certo, para que funcionasse.

E foi assim que começamos nossa marca, que hoje chamamos de T2 Educação – T de Tais e T de Tiago. Por que complicar se podemos simplificar, não é mesmo? No meio do processo, voltamos de Ubatuba para a Zona Leste de São Paulo em definitivo. Começamos a formar equipe e fui me aprimorando com novas especializações até chegar aonde estamos hoje, com mais de 14 mil alunos ativos, mais de 90 mil que já passaram pela escola e um impacto mensal em mais de 1,5 milhão pessoas nas redes sociais. E contando!

Depois de te contar minha história, minha trajetória de conquistas e derrotas como ser humano, acho que não tem nada mais justo do que te falar sobre o que você pode esperar com esta leitura.

Por ser um livro sobre o mercado financeiro, nós com certeza vamos abordar todos os pontos que podem surgir de dúvidas sobre como é a construção de uma carreira nessa área. Quais são as certificações, quais são as possibilidades de lugares onde trabalhar, que tipos de cargos alguém pode ter, como é o crescimento da carreira, as remunerações... Este guia de carreira é o que você vai encontrar por aqui. Também vamos falar sobre habilidades profissionais, técnicas de desenvolvimento e aprimoramento.

Mas mais importante que isso é entender que a construção de uma carreira inabalável não está baseada em um único emprego, em uma única empresa ou qualquer coisa do tipo. Eu sempre digo isso nas minhas redes sociais e nos meus cursos e você pode esperar ler essa frase muitas vezes no decorrer do livro: a sua carreira não é o seu emprego e você não é a sua carreira. Vem comigo.

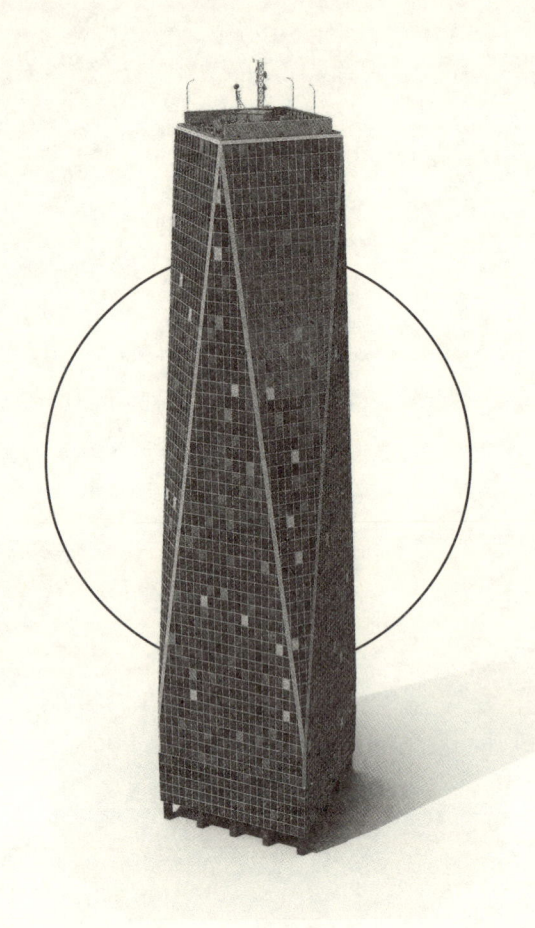

CAPÍTULO 1

Mercado financeiro: o que existe além da Faria Lima?

Eu comecei minha trajetória no mercado financeiro em uma agência bancária no meio da periferia de São Paulo. Meu foco era o atendimento ao cliente de varejo e a verdade é que, naquele momento da minha carreira, eu não tinha nem tempo de pensar no que, de fato, é o mercado financeiro. E essa é a realidade de muita gente. O Brasil é um país com muitas famílias na linha da pobreza extrema e, nessa situação, são poucas as pessoas que vão parar para refletir sobre as inúmeras possibilidades do mercado financeiro, um espaço que, historicamente, é dominado por maioria rica – ou, pelo menos, de classe média alta.

Segundo pesquisa desenvolvida pelo FGV Social, da Fundação Getúlio Vargas,[2] com base em dados da Pesquisa Nacional por Amostra de Domicílios Contínua (PNAD Contínua) do Instituto Brasileiro de Geografia e Estatística (IBGE), **quase 30% da população brasileira tem uma renda domiciliar per capita de até R$ 497 mensais**. O estudo, nomeado de "Mapa da Nova Pobreza", revelou que em 2021 eram 62,9 milhões de pessoas que viviam nessa condição no país, um aumento de 9,6 milhões, fato que pode ser explicado como consequência socioeconômica da pandemia de covid-19.

Marcelo Neri, diretor do FGV Social, afirmou em nota divulgada pelo instituto de pesquisa que "A pobreza nunca esteve tão alta no Brasil quanto em 2021, desde o começo da série histórica da PNAD Contínua em 2012,

---

2   Confira mais aqui: https://portal.fgv.br/noticias/mapa-nova-pobreza-estudo-revela-296-brasileiros-tem-renda-familiar-inferior-r-497-mensais

perfazendo uma década perdida. Demonstramos neste trabalho que 2021 é o ponto de máxima pobreza dessas séries anuais para uma variedade de coletas amostrais, conceitos de renda, indicadores e linhas de pobreza testados".

É nesse contexto de sociedade com altos níveis de pobreza que a oportunidade de trabalhar em um banco se apresenta como uma grande possibilidade de mudança de vida e, sobretudo, transformação de condições financeiras. Não é difícil de ouvir por aí parentes recomendando aos mais jovens da família que busquem um emprego como jovem aprendiz ou estagiário dentro de grandes instituições financeiras, porque elas oferecem bons salários, benefícios e certa estabilidade. Por esse motivo, é comum que, ao pensar no mercado financeiro, a primeira imagem que venha à mente de uma parte considerável da população seja essa: os funcionários de agências bancárias. E não há nada de errado com isso. Aliás, é essa uma das principais portas de entrada. No entanto, **não é a única forma de atuação dentro do mercado,** como bem mostrei no capítulo anterior.

Também pode vir à mente quando pensamos nessa área (principalmente para os moradores de São Paulo e outras grandes cidades) um mercado financeiro resumido à Faria Lima. A título de curiosidade, a Faria Lima é uma avenida famosíssima da capital paulista que abriga as sedes de centenas, ou talvez até milhares, de empresas do mercado financeiro. É o coração financeiro de São Paulo e do Brasil. Ao caminhar pela região, é possível ver muitas pessoas de roupa social andando e conversando em jargões próprios do mercado. A essa imagem, é comum encontrar quem associe os profissionais do mundo dos investimentos, como os *traders*, os economistas e os analistas de investimentos, por exemplo. Porém, uma vez mais, o mercado é muito mais que isso e há diversas outras oportunidades.

Para dar apenas uma pequena dimensão de todo o universo grande e abrangente do mercado, neste capítulo vamos falar sobre algumas das possibilidades existentes.

O primeiro passo para esse entendimento é esmiuçar os locais onde você, que está pensando com mais carinho em ingressar no mercado financeiro, pode passar durante sua carreira.

BANCOS COMERCIAIS

Visto por muitos como o único caminho no mercado, o banco comercial é, talvez, a cara mais tradicional do mercado financeiro e, na maioria das vezes, é a porta de entrada.

Um banco comercial, de forma bem simples, é aquele que todo mundo conhece. São os bancos de agências, aonde você vai para sacar ou depositar dinheiro, solicitar a abertura de contas, conversar com o seu gerente de conta e todas essas coisas bastante tradicionais. Os bancos comerciais estão espalhados por todos os cantos do Brasil e, dentro do mercado financeiro, representam o segmento que está dedicado a atender clientes pessoa física ou jurídica, oferecendo crédito, investimentos e outros tipos de serviços bancários.

BANCOS DE INVESTIMENTOS

Diferentemente dos bancos comerciais, os bancos de investimentos estão muito mais relacionados ao fornecimento de serviços para pessoas jurídicas, ou seja, empresas. E, como o próprio nome sugere, é um segmento do mercado que atua mais diretamente com os investimentos em si.

Entre as funções acumuladas por uma instituição desse tipo, cabe destacar os serviços de estruturação de ofertas públicas de valores mobiliários (nome difícil para o processo de uma empresa abrir capital e passar a ofertar suas ações em bolsas de valores), além da administração de fundos de investimentos, processos de fusões e aquisições (basicamente, quando empresas se unem ou uma compra a outra) e operações de crédito estruturado.

COOPERATIVAS DE CRÉDITO

São instituições financeiras que, geralmente, prestam o mesmo serviço que os bancos comerciais. A principal diferença, entretanto, está no fato de que as cooperativas não funcionam com a mesma relação de cliente e dono que um banco tradicional. Nesse tipo de empresa, a palavra "cliente" nem é dita porque, em teoria, os "clientes" (que são os cooperados ou associados) também são donos do negócio.

As cooperativas podem ser de livre associação, quando qualquer pessoa interessada pode participar, ou focadas em um grupo específico. Um exemplo das cooperativas fechadas pode ser uma cooperativa de crédito para médicos ou uma cooperativa de crédito para bancários (e assim por diante): apenas profissionais daquela área podem fazer parte dela e usufruir dos serviços financeiros oferecidos pela empresa.

A melhor parte de uma cooperativa é que os associados, por serem também donos daquela empresa, recebem todos os anos a distribuição dos lucros obtidos, mas cabe destacar que, para isso, ao ingressar na cooperativa, o associado precisa desembolsar um valor, que corresponde a comprar uma ou mais cotas.

CORRETORAS DE VALORES MOBILIÁRIOS

Também bastante tradicionais quando se fala em mercado financeiro, as corretoras de valores são responsáveis por distribuir produtos de investimentos aos investidores, sejam eles pessoa física ou jurídica.

É através de uma corretora que o investidor pode comprar ativos que são negociados na bolsa de valores, mas não é algo restringido a isso. As corretoras também trabalham com os títulos de renda fixa e criptomoedas, apenas para citar alguns exemplos, e cada vez mais buscam novos investimentos para atrair clientes de todos os tipos. Além da distribuição, as corretoras também podem administrar fundos de investimento e ainda assessorar empresas no processo de oferta pública de valores mobiliários, assim como os bancos de investimento.

ASSET MANAGEMENT

Antes de explicar o que faz essa empresa, já quero enfatizar para você, leitor, que incontáveis termos em inglês são usados no mercado financeiro, mas que isso não é um "capricho" dos grandes donos de empresas. Essa é uma forma de facilitar a identificação de termos, tipos de serviços e empresas, porque estamos falando de um mercado com atuação global.

Dito isso, vamos à explicação: uma *Asset*, como é chamada por aqui, é uma empresa que atua com administração de recursos de terceiros, ou melhor, administrando fundos de investimentos.

RESEARCH

Outro tipo de instituição com nome em inglês, as Research são, em suma, exatamente o que a tradução do termo nos diz: pesquisa.

Essa é a área do mercado financeiro destinada à realização de pesquisas e análises. As casas de Research são responsáveis por analisar os valores mobiliários negociados no mercado financeiro, como ações, fundos e criptoativos, por exemplo, e sugerir a compra ou a venda de ativos.

WEALTH MANAGEMENT

Aqui estamos falando de empresas que atuam com consultoria de investimentos para clientes pessoa física e jurídica.

Essa consultoria, na maioria das vezes, é prestada de maneira independente dos bancos. Dessa forma e, via de regra, uma empresa de *Wealth* não tem vínculo com nenhum banco. Entretanto, e até para que haja um controle, a atuação dessa empresa está sob supervisão da CVM (a Comissão de Valores Mobiliários, órgão do Estado responsável pela supervisão do mercado de capitais).

ADMINISTRADORAS DE PREVIDÊNCIA

Essas empresas atuam na gestão de previdência privada de trabalhadores que optam por contratar planos de previdência complementar ao INSS.

Nesse campo temos as previdências abertas, conhecidas como VGBL e PGBL, e as previdências fechadas, que atendem funcionários de uma empresa ou profissionais de determinada categoria. São conhecidas no mercado como fundos de pensão.

SEGURADORAS

Para falar de maneira bastante completa sobre seguradoras, teríamos de fazer um capítulo inteiro à parte, mas aceitei o desafio de tentar resumir aqui de forma simples e prática.

Quanto às seguradoras, estamos falando do segmento do mercado que atua na gestão de risco para as pessoas físicas e jurídicas. Ou seja, é uma empresa que oferece serviços para gestão de recursos de forma que, caso algum evento extraordinário aconteça, o segurado consiga se "reerguer".

A ideia mais comum a vir à mente quando o assunto são as seguradoras são aqueles seguros mais tradicionais, como de vida, automóvel ou residencial. No entanto, o fato é que esse mercado é muito maior e é essencial para o desenvolvimento econômico do país. Há seguros para os mais variados riscos e é por esse motivo que muitos negócios não quebram quando há algum sinistro.

ADMINISTRADORAS DE CONSÓRCIO

O consórcio é um produto oferecido para planejamento de aquisição de produtos ou serviços com maior valor agregado. Por definição, o consórcio é a reunião de pessoas naturais e jurídicas em grupo.

O que a administradora de consórcio faz, então, é o gerenciamento desse grupo que se forma com objetivo comum, como a aquisição de um carro ou uma casa, por exemplo.

EMPRESAS DE AUDITORIAS

São empresas que atuam exclusivamente na auditoria dos números apresentados por empresas e fundos de investimentos. Porém, cabe destacar que a atuação de uma empresa de auditoria transcende o mercado financeiro.

A verdade é que toda grande empresa, que de uma forma ou de outra precisa prestar contas sobre seus números, tem de necessariamente contratar uma empresa de auditoria.

É interessante dizer que, na época em que escrevo este livro, o serviço de auditoria vem sendo amplamente abordado, da mídia especializada às rodas de conversas em bares, por conta de um escândalo fiscal envolvendo a Americanas, uma das maiores empresas do país. Por erros nas contas, que por anos não foram identificados por auditorias, a Americanas está em recuperação judicial em uma dívida que já se aproxima dos R$ 50 bilhões. Tudo isso reforça demais a importância de auditorias sérias e profissionais qualificados no ramo.

Assessores de investimentos. Além de todos esses tipos de empresas, o mercado financeiro também conta com esses profissionais que são responsáveis por representar instituições financeiras (bancos e corretoras) na distribuição de valores mobiliários. Ou seja, esse é o profissional que vai "levar" o produto de investimento ao cliente investidor.

A organização desse modelo de trabalho pode ser feita de maneira individual (o que é cada vez mais raro, diga-se de passagem) ou em escritórios de assessoria. Atualmente, no Brasil, temos escritórios de assessoria com estrutura semelhante à de grandes bancos, com algumas corretoras, como XP Investimentos e BTG Pactual, se destacando na hora de agregar esses escritórios.

Vale ainda falar sobre algumas instituições do mercado financeiro brasileiro que estão para além daqueles tipos de empresas dos quais falamos nas últimas páginas. Essas instituições, em alguns casos, regulam e fiscalizam as empresas e, em outros, servem para agregar os serviços. Acompanhe comigo!

BOLSA DE VALORES

Há bolsas de valores espalhadas por todo o mundo. Algumas das mais famosas são as americanas, como a Bolsa de Nova York (NYSE) e a Nasdaq, que reúne empresas famosíssimas na área de tecnologia.

A função básica de uma bolsa de valores é oferecer infraestrutura para o mercado: é nela onde se negociam ações e outros tipos de valores mobiliários, como índices e fundos, apenas para citar alguns exemplos.

No Brasil, só há uma bolsa: a B3 (sigla para Brasil, Bolsa, Balcão). Embora seja um participante central e essencial do mercado financeiro, no país o coração da B3 é a tecnologia. Aqui, a nossa bolsa não atua somente como uma bolsa de valores, mas também como uma central depositária, fornecendo infraestrutura de mercado de balcão. De forma muito simples e resumida, isso significa que todos os ativos que são negociados no Brasil passam, de um jeito ou de outro, pela estrutura montada e oferecida pela B3.

BANCO CENTRAL

O Banco Central é uma das principais instituições econômicas de qualquer país, e no Brasil não é diferente. O nosso BC é responsável por supervisionar e fiscalizar todo o mercado monetário, de crédito e câmbio no Brasil.

Também é o Banco Central o principal responsável por definir os rumos da inflação e dos juros dentro do país. Com a Selic, que é a taxa básica de juros da economia brasileira, o Comitê de Política Monetária (Copom) do BC influencia o movimento inflacionário.

De forma muito simples (inclusive, aproveito para dizer que mais para frente vou falar com mais detalhes sobre esse assunto), se o BC eleva a taxa de juros, a tendência é que a inflação percorra uma trajetória de baixa, e vice-versa. Para decidir o que fazer com a Selic, o órgão se baseia em diversos dados e indicadores econômicos, além de analisar panoramas de política econômica e fiscal.

CVM

A Comissão de Valores Mobiliários é a entidade responsável por fiscalizar o mercado de capitais brasileiro e, além disso, a atuação de profissionais desse setor.

O órgão regulador tem como um de seus principais objetivos defender os interesses dos investidores e prezar por eles, principalmente os acionistas minoritários de uma empresa, que podem ser lesados por decisões daqueles que têm mais poder de escolha. A CVM deve proporcionar transparência e segurança para o ambiente de investimentos, tornando o mercado financeiro brasileiro melhor.

ANBIMA

A Associação das Entidades do Mercado Financeiro e Capitais, mais conhecida como ANBIMA, é a principal associação do mercado.

Seu principal objetivo é, justamente, representar seus associados junto aos órgãos reguladores, fornecer dados relevantes ao mercado, criar procedimentos de melhores práticas para seus associados e, ainda, prover dados de educação financeira para a sociedade.

ANCORD

A Associação Nacional das Corretoras de Valores Mobiliários, a ANCORD, assim como a ANBIMA, tem como objetivo representar seus associados junto aos órgãos reguladores, mas no que se refere a um grupo mais restrito – o das corretoras.

Além disso, a associação coordena o processo de credenciamento dos assessores de investimentos.

APIMEC

A principal função da Associação dos Analistas e Profissionais de Investimento do Mercado de Capitais (Apimec) é credenciar os analistas de valores mobiliários – aqueles que geralmente vão trabalhar em empresas de *Research*.

PLANEJAR

A Associação dos Planejadores Financeiros, que vem ganhando cada vez mais destaque no mercado brasileiro e nas discussões sobre educação financeira, tem o papel primordial de supervisionar os trabalhos dos planejadores financeiros CFP® do Brasil (você vai entender melhor sobre esse profissional nas próximas páginas).

A marca CFP® (*Certified Financial Planning*) é reconhecida internacionalmente; profissionais que ostentam essa certificação são reconhecidos como profissionais com atuação ampla em relação aos investidores.

ABECIP

A Associação Brasileira das Entidades de Crédito Imobiliário e Poupança, Abecip, é uma entidade focada no mercado de crédito imobiliário e, portanto, traz ao mercado boas práticas nesse segmento, além de promover a capacitação de profissionais que desejam atuar nesse mercado.

FEBRABAN

A Federação Brasileira dos Bancos (FEBRABAN), além de representar os entes federados, ou seja, os bancos, também traz cursos, qualificações e certificações para profissionais que atuarão em área de *compliance*, ouvidoria, agronegócio e, ainda, como correspondentes bancários.

Existe espaço no mercado financeiro?

Agora que já falamos mais detalhadamente sobre diversas possibilidades de locais em que um profissional do mercado financeiro pode trabalhar, nada mais justo do que visualizar quais são as funções que alguém pode exercer dentro dessa gama tão variada de opções. E quer um spoiler? Mesmo que eu fale de diversas oportunidades nestas próximas páginas, a tecnologia é uma aliada importantíssima do mercado financeiro e deve proporcionar a criação de muitas outras vagas e necessidades nos próximos anos.

De acordo com a consultoria de recursos humanos Robert Half, que todos os anos desenvolve um estudo sobre as tendências do mercado de trabalho em diferentes países, o mercado financeiro é uma das áreas com maiores possibilidades de crescimento no País atualmente. No Guia Salarial[3] 2023, a pesquisa da consultoria revelou que os profissionais mais procurados são:

- **RM Private:** traduzindo, estamos falando de um gerente de relacionamento – é ele o especialista que cuida da atração de clientes e atua como um planejador financeiro pessoal para carteiras dentro do segmento de private banking, uma área do mercado especializada na gestão de grandes fortunas.

---

3   Confira mais: https://www.roberthalf.com.br/guia-salarial/pratica/mercado-financeiro

- **M&A:** analistas e outros profissionais que atuem dentro da área de fusões e aquisições de empresas, com diferentes atividades.
- **Crédito Corporate:** analistas ou especialistas que atuam com análise e estratégias dentro da área de crédito corporativo, ou seja, crédito entre empresas.
- **Diretores, gerentes e vice-presidentes de finanças para empresas de diferentes setores.**
- **Profissionais de Compliance, Auditoria e Riscos:** são especialistas que trabalham com a análise de riscos dentro das estratégias daquele negócio;
- **RM Corporate:** assim como o RM Private, esse é um gerente de relacionamento, mas que trabalha com outros tipos de contas e clientes — nesse caso, aquelas de empresas com maiores faturamentos, geralmente acima de R$ 100 milhões.
- **Profissionais de ESG:** essa é a sigla em inglês para Governança Ambiental, Social e Corporativa, e um profissional dessa área atua auxiliando a empresa a implementar medidas que estejam em linha com os princípios ESG, tema que está cada vez mais em alta no mercado financeiro e no mundo dos investimentos.

Sobre as indústrias que mais contrataram nos últimos meses e que tendem a liderar as contratações também no próximo ano, cabe destaque para os Fundos de *Private Equity* (que são um tipo de fundo de investimento que alocam recursos diretamente na empresa em que almejam, buscando melhorar a produtividade das companhias), as Assets (gestoras de investimentos), os Bancos de Investimentos, os Meios de Pagamentos (como as maquininhas de cartão de crédito, por exemplo) e as Fintechs.

Para ter uma noção da força de contratação que o mercado financeiro apresenta, um dos insights que os pesquisadores levantaram com o Guia Salarial 2023 da Robert Half[4] é que as "instituições financeiras devem rever políticas de atração e retenção de talentos, pois o aumento das oportunidades tem promovido uma importante movimentação entre os profissionais."

São diversas as possibilidades e oportunidades para quem quiser participar desse mercado. Além dessas funções, há muitas outras; se eu fosse falar aqui individualmente de cada uma delas, teríamos um livro inteiro (talvez até uma enciclopédia) tratando apenas dos cargos do mercado financeiro.

Entretanto, quero destacar algumas dessas funções e vou fazer isso por meio das principais certificações que estão disponíveis hoje.

CPA-10 E CPA-20

- Nome da certificação: Certificação Profissional Anbima Série 10 e Certificação Profissional Anbima Série 20
- O que o profissional pode fazer: com essas certificações, que são a

---

[4] Confira mais: https://www.roberthalf.com.br/guia-salarial/pratica/mercado-financeiro

principal porta de entrada para o mercado financeiro, os profissionais podem fazer a distribuição de produtos financeiros para os clientes da instituição em que trabalham, com base nas análises e recomendações elaboradas por outros profissionais com conhecimento e certificações adequadas para tal. Além de dizer ao investidor quais são as recomendações dos analistas, o CPA-10 e/ou CPA-20 pode auxiliar o cliente nos processos operacionais envolvidos no investimento.

- Onde o profissional pode trabalhar: bancos comerciais e de investimentos, cooperativas de crédito, corretoras de valores ou outras plataformas de investimento.

CEA

- Nome da certificação: Certificação Anbima de Especialistas em Investimentos
- O que o profissional pode fazer: o profissional CEA pode atuar como consultor de valores mobiliários, ou seja, ele oferece, de forma personalizada, atendimento para seus clientes, elaborando recomendações com base em seu perfil e objetivos. Esse profissional pode atuar de duas principais formas. A primeira é como funcionário de uma instituição financeira e a segunda, como consultor de valores independente, sem estar relacionado a nenhuma instituição, o que pode fazer com que suas recomendações sejam mais transparentes, já que sua remuneração vem do próprio cliente.

- Onde o profissional pode trabalhar: bancos comerciais e de investimentos, cooperativas de crédito, corretoras de valores, outras plataformas de investimento ou, ainda, como planejador financeiro autônomo.

CNPI

- Nome da certificação: Certificado Nacional do Profissional de Investimento
- O que o profissional pode fazer: o analista CNPI é um analista de valores mobiliários, ou seja, ele desenvolve análises do mercado financeiro de diversos tipos de ativos, como ações, títulos de renda fixa e fundos de investimento, por exemplo. Com base em suas análises dos ativos, o profissional pode recomendar a compra ou a venda aos investidores, geralmente em um processo que é feito de forma mais generalista, sem levar em conta os perfis e objetivos de cada investidor.
- Onde o profissional pode trabalhar: em bancos ou corretoras, mais precisamente na área de *Research* da instituição. Além disso, esse profissional pode trabalhar em financeiras especialistas em *Research*.

ANCORD (AAI)

- Nome da certificação: Certificação da Associação Nacional das Corretoras e Distribuidoras de Títulos e Valores Mobiliários, Câmbio e Mercadorias

- O que o profissional pode fazer: Quem tem a certificação Ancord pode trabalhar como assessor de investimento, que é o profissional que faz a distribuição e a mediação de diversos ativos de valores mobiliários com base no perfil de cada investidor. Vale ressaltar que o assessor de investimento pode ser sócio de um escritório, contratado PJ ou CLT.
- Onde o profissional pode trabalhar: em escritórios que representam corretoras de valores mobiliários e bancos de investimentos.

CGA

- Nome da certificação: Certificação de Gestores Anbima
- O que o profissional pode fazer: em suma, pode gerenciar recursos de outras pessoas, pois é um gestor de recursos. Em uma entrevista minha cedida ao Portal Mais Retorno em junho de 2022, eu expliquei que o que esse profissional faz "a gestão discricionária do recurso do cliente; é como se ele tivesse uma procuração para operar o dinheiro em nome do cliente, escolhendo quais ativos comprar e vender".[5]
- Onde o profissional pode trabalhar: em bancos de investimentos e *assets*, podendo atuar como gestor de fundos de investimento ou como gestor de carteiras administradas.

---

5   https://maisretorno.com/portal/profissionais-mercado-financeiro-analista-consultor-gestor-influenciador#sect2

CFP®

- Nome da certificação: *Certified Financial Planner*
- O que o profissional pode fazer: essa é uma certificação global para um profissional que atua com planejamento financeiro, com foco individual em cada cliente. Quem tem essa certificação tem reconhecimento internacional, mas no Brasil a Associação Brasileira de Planejadores Financeiros (Planejar) é a responsável por certificar e regular os profissionais. Segundo a própria Planejar, o profissional CFP® também pode se credenciar na CVM para ser consultor de valores mobiliários e, nesse caso, ele fica autorizado a recomendar produtos de investimentos aos clientes.
- Onde o profissional pode trabalhar: os profissionais CFP® podem trabalhar de forma autônoma, mas também em instituições financeiras diversas, com destaque para os segmentos de alta renda.

CFA

- Nome da certificação: *Chartered Financial Analyst*
- O que o profissional pode fazer: certificação global para o profissional que pode fazer gestão de carteira, coordenar fusões e aquisições, realizar operações no mercado de capitais como trader e desenvolver análises de investimentos.
- Onde o profissional pode trabalhar: por ser uma certificação bastante completa, o profissional pode trabalhar em diversas frentes,

como empresas de investimentos, consultorias financeiras, seguros, fundos de investimentos, empresas de pesquisas e análises e uma série de outras possibilidades.

Tem idade certa para começar?

Quando escrevemos um livro, gravamos um vídeo, curso ou produzimos qualquer outra coisa, entramos em contato com um público composto por pessoas diferentes. Portanto, minha abordagem tem em vista que qualquer um pode consumir o conteúdo que estou produzindo. Por isso, ao me propor escrever este livro que você tem em mãos, caro leitor, eu me coloquei o desafio de fazer com que a leitura fosse proveitosa para todos: de um adolescente com seus 17 anos que está decidindo o que fazer da vida até alguém mais maduro, que pensa em fazer uma migração de carreira.

Nesse sentido, acho importante abordar aqui nesse primeiro capítulo alguns pontos primordiais. Primeiro, eu apresentei os espaços mais comuns do mercado financeiro. Depois, falei sobre algumas das dezenas de espaços e possibilidades oferecidas pela área. Para encerrar este capítulo, ainda, quero responder a uma última pergunta extremamente importante: Há idade ou fase da vida correta para entrar no mercado financeiro?

A resposta é curta e simples: não. Não há uma idade mínima ou um limite para quem quer entrar no mercado; é preciso ter dedicação, força de vontade e, claro, correr atrás das qualificações necessárias.

Para ilustrar melhor o assunto, lembrei de um papo muito interessante que tive com o professor Marcos Baroni para o meu podcast, o Fincast. Baroni é analista CNPI e hoje atua como especialista em Fundos Imobiliários na *Suno Research*. Ele tem formação na área de Tecnologia da Informação e trabalha como professor há 22 anos – já tendo passado por cursos de graduação em diversas faculdades, além de dar aulas em pós-graduações até hoje.

Baroni é um nome amplamente conhecido no mercado, sobretudo quando o assunto são os fundos imobiliários. Mas sua trajetória não se iniciou assim. Ainda no começo de sua adolescência ele passou a ganhar os primeiros trocados trabalhando em um "bico" de vender sorvetes nas praias de Ubatuba. Ele conta que sua família tinha um pequeno apartamento na cidade litorânea e, depois de seu pai fazer amizade com um empreendedor, conseguiram uma parceria para que o ainda garoto ajudasse a vender picolés e, como pagamento, além de algum dinheiro, também lucrava com sorvetes.

Lá pelos 14 ou 15 anos, Baroni, influenciado pela irmã (que trabalhava na área de computação e tecnologia), começou a dar aulas de informática no bairro em que morava. As gerações atuais talvez não saibam ou não se recordem disso, mas há cerca de 20 anos ou mais as coisas eram muito diferentes no quesito tecnologia; eram comuns escolinhas de bairro que forneciam aulas para que as pessoas aprendessem a mexer em computadores, mesmo que de forma básica. O acesso à tecnologia e às informações não era tão disseminado como hoje em dia, além de que muitos aplicativos e plataformas que facilitam tarefas simples (como aplicar um antivírus, por exemplo) não existiam como na atualidade.

Nesse contexto, por saber mexer com informática, Baroni teve sua primeira vantagem competitiva profissional e começou a ganhar um pouco mais de dinheiro. Ele pegou gosto pela área e, ainda com 16 anos, entrou na faculdade para estudar temas relacionados à tecnologia da informação e computação. Se formou com 20 anos – bastante jovem – e, tanto pelos seus conhecimentos quanto pela idade, passou a ser extremamente requisitado pelo mercado.

Logo em seguida foi trabalhar em uma subsidiária da Microsoft, em uma época na qual aplicativos como YouTube, WhatsApp, Facebook e Instagram não existiam. Mais uma vez, por ter acesso a conteúdos que apenas um grupo muito seleto de pessoas tinha, ainda mais trabalhando em uma empresa que é referência até hoje na área, ele teve uma vantagem competitiva e foi chamado para dar aulas em faculdades, ainda na casa dos seus 20 anos.

Baroni conta que se impor perante os alunos, a princípio, foi um grande desafio justamente por ser muito jovem, mas que conseguiu conquistar a confiança e o respeito em pouco tempo; quando se deu conta, já dava aula em cinco instituições de ensino diferentes. Em

2010, no começo da fase dos 30 anos, foi convidado a dar aulas também em pós-graduação.

Nessa fase, dando aula em tantos lugares, Baroni começou a ganhar muito dinheiro; ele relata que tinha uma vida financeira bastante confortável. De cara, começou a investir seu dinheiro com o objetivo de ter resultados ainda melhores com o passar dos anos. Ele afirma que investia, primeiramente, em ações e alguns fundos de investimento. No entanto, por volta de 2012, conheceu o universo dos fundos imobiliários – que, de forma muito resumida, são fundos de investimento que aplicam os recursos em imóveis ou títulos relacionados ao mercado imobiliário – e se apaixonou.

Quando conheceu esse tipo de ativos e gostou dos resultados apresentados, Baroni tomou a decisão de "desinvestir" os recursos que tinha em outras aplicações financeiras a fim de migrar para os fundos imobiliários. Como um bom professor, a alma de aprender sobre novos assuntos o influenciou a querer entender, cada vez mais, o funcionamento desses ativos, e foi aí que ele começou uma jornada de educação financeira dentro dos fundos imobiliários.

Por viajar bastante para dar suas aulas em pós-graduações, Baroni tinha a possibilidade de visitar os imóveis em que escolhia investir para avaliar o que achava necessário, além de conversar e criar boas relações com profissionais de diversos lugares que o auxiliaram a entender melhor o mundo dos fundos imobiliários. Com o passar do tempo, o professor também compartilhava seus conhecimentos sobre o assunto com outras pessoas e começou a se tornar uma referência no tema.

Mesmo gostando do tema e tendo bastante conhecimento, foi só em 2017 que começou, de fato, a trabalhar com o mercado financeiro. Primeiro, ele recebeu um convite para atuar em um *Family Office* – que é um tipo de empresa privada que lida com a gestão de investimentos e patrimônio de uma família rica, geralmente com pelo menos US$ 50 a US$ 100 milhões em ativos para investimento, com o objetivo de efetivamente fazer crescer essa riqueza e transferi-la entre gerações.

Pouco tempo depois, veio o primeiro contato por parte da *Suno*, que é uma casa de *Research*. Por já ter diversos outros trabalhos, no início Baroni escrevia alguns artigos e fazia conteúdos em vídeos para a empresa, sobre fundos imobiliários. Com a evolução dessa relação de trabalho, ele deixou os outros lugares, com exceção de uma pós-graduação, e passou a se dedicar exclusivamente à *Suno*, onde hoje é especialista em fundos imobiliários. Apesar de já ter bastante

experiência com o assunto, Baroni precisou tirar as certificações exigidas pelos órgãos regulatórios para ocupar o cargo; depois disso, todo o resto fluiu.

Nessa época em que ele decidiu virar a chave e migrar de carreira, optando por uma área que era sua paixão de forma não profissional, ele já tinha 38 anos. Começar no mercado em uma fase na qual já não era tão jovem, entretanto, não o impediu de se tornar uma das maiores referências de seu segmento. É difícil encontrar um investidor (principalmente os fãs dos fundos imobiliários) que, hoje, não saiba quem é o professor Baroni.

Estou contando toda essa história aqui para dizer que, sim, é possível mirar o mercado financeiro e fazer uma migração de carreira a qualquer momento. Para isso, no entanto, não é necessário abandonar tudo o que veio antes.

Um dos medos de muita gente quando pensa em fazer esse tipo de mudança na vida profissional é ter de começar do zero. Mas esse é o ponto: migrar de carreira não te fará ter de começar do zero, porque toda a bagagem que você traz de outra empresa, outra função, outra profissão, outra faculdade ou qualquer outra coisa não será apagada; muito pelo contrário, agregará ao conteúdo novo que você terá de aprender.

No caso do Baroni, por exemplo, além do interesse que ele próprio nutria pelo mercado e que o levou a aprender muita coisa sozinho, antes mesmo de se aventurar profissionalmente na área, toda a sua bagagem com tecnologia é muito útil porque o mercado é cada vez mais integrado e utiliza tecnologia para facilitar processos. Além disso, a experiência dele como professor é essencial para levar conteúdo para as pessoas (seja um grande público ou apenas um cliente) de uma maneira clara, objetiva e que permita a fácil compreensão de qualquer um.

Mas não são apenas as qualificações técnicas que pesam nessa bagagem. As habilidades essenciais – das quais vamos falar com maior profundidade no capítulo 5 – também contam muito, e elas são aprendidas e aprimoradas com a prática no mercado de trabalho, independentemente de qual seja a área.

Por fim, gostaria de trazer aqui uma frase que o próprio Baroni disse na nossa conversa e que é valiosa demais nesse momento: "A disciplina é muito mais importante que a inteligência". Há espaço no mercado financeiro, há possibilidades e oportunidades para todos os tipos de perfis. Mas é necessário que haja dedicação e disciplina para fazer com que a carreira decole. E não se preocupe; durante a leitura você aprenderá muito sobre esses tópicos que fazem toda a diferença.

CAPÍTULO 2

A estabilidade não existe, mas a segurança pode existir

Agora que você já sabe quais são os principais cargos e certificações existentes no mercado financeiro, vamos começar a falar sobre a carreira. Mas, antes de qualquer coisa, quero bater um papo muito importante e honesto com você que me lê. **Estamos a todo momento buscando estabilidade na vida, mesmo quando nos arriscamos em novos desafios.** Afinal, quantas pessoas não conhecemos ao longo dos anos que arriscam tudo com o objetivo de, lá na frente, ter uma vida mais estável, acreditando que o risco de agora pode ser a estabilidade do futuro? Mas a estabilidade não existe e, quanto antes entendemos isso, melhor.

Talvez a busca pela estabilidade seja uma consequência da nossa própria evolução. Vamos pensar: há muitos milhares de anos, o ser humano era nômade; vivia se escondendo dos perigos e dos predadores e "mudando de endereço" conforme a necessidade. Se faltava comida em um lugar, a estratégia era simples: bastava migrar para outro onde fosse possível se alimentar e, consequentemente, sobreviver. Foi assim por muito tempo até que, cerca de 10 a 12 mil anos atrás, os nômades aprenderam a plantar e começaram a desenvolver a agricultura. Com o cuidado do solo, as plantações, o aprender a lidar com a terra, o ser humano conseguiu começar a controlar este fator tão importante que são os alimentos — e foi assim que as primeiras civilizações passaram a se constituir nos entornos das terras que tinham contato com a agricultura. Com essa forma de vida, as pessoas começaram, de fato, a viver mais e melhor, com menos perigos e menos fome. Nasceu, assim, uma vida mais estável, que deu certo e, por isso, passou a ser imitada.

A estabilidade também tem muito a ver com a imitação, com a repetição de processos que dão certo, e isso é natural do ser humano, seja um aspecto biológico ou cultural. Vamos fazer um exercício de imaginação aqui. É preciso chegar a um local x que, para você, é totalmente desconhecido, como uma cafeteria, e, para isso, há três caminhos possíveis: pelo primeiro caminho, você já viu outras pessoas indo e voltando tranquilamente, sem grandes problemas. Pelo segundo, as pessoas também voltaram, mas relataram dificuldades. Pelo terceiro, você não conhece ninguém que tenha ido e voltado. É um exemplo um tanto quanto exagerado, podemos dizer. Mas, ao se colocar em uma situação assim, qual opção seria a sua escolhida? Aquela que é completamente desconhecida ou alguma das que são conhecidas e seguras? A maioria das pessoas opta pelo que já é conhecido e, de certo modo, oferece segurança. É a repetição dos padrões e hábitos que já deram certo, ou que pelo menos parecem mais interessantes.

Ninguém tem notícias sobre como, de fato, era a vida nas cavernas; tudo o que sabemos vem de estudos e suposições. Mas sabemos que, de uma forma ou outra, evoluímos e estamos aqui hoje. Para essa evolução, então, alguns processos tiveram de ocorrer. Imagine que, em um grupo de três pessoas (dois adultos e uma criança), um dos adultos foi em direção a um som, ao ouvir um barulho, e acabou devorado por um predador; o outro escolheu ficar na caverna e esperar o perigo passar. A criança, ao ver essa situação e com o instinto de sobrevivência que todo animal tem, entendeu que, ao ouvir um som desconhecido, a melhor opção é se resguardar e esperar o perigo ir embora. É a repetição em sua forma mais pura, que gera aprendizados, que, por fim, puderam trazer a estabilidade.

Mas não foi só na época das cavernas que nós nos colocamos nesse papel de "repetidores" ou "imitadores". Até hoje continuamos fazendo isso — e muito!

Um estudo realizado pelas pesquisadoras Juliana Maria Ferreira de Lucena e Maria Isabel Pedrosa, da Universidade Federal de Pernambuco,[6] analisou o comportamento de um grupo de 20 crianças de dois anos em relação aos brinquedos e às brincadeiras. A pesquisa, que foi intitulada de "Estabilidade e transformação na construção de rotinas compartilhadas no grupo de brinquedo", identificou padrões de repetição entre os pequenos na hora de brincar. As crianças, que têm o nome verdadeiro preservado no texto, foram gravadas em um ambiente conhecido e com pessoas por elas já conhecidas, a fim de que a interação com os objetos fosse o mais espontânea possível. Já no primeiro registro, as pesquisadoras conseguiram identificar padrões de repetição.

---

6   Confira mais em: https://www.scielo.br/j/prc/a/tP5sLLhxyxQxv6sJnCHzKgP/?format=html

"No Episódio 1, intitulado 'Arrastando colchonetes', a brincadeira ganha forma a partir da interação de duas crianças — Ivy e Riel — que arrastam colchonetes, em roteiros vizinhos por toda a extensão de um pátio coberto. Esta ação se estende para algumas outras crianças presentes, que também se interessam em arrastar colchonetes. Aos poucos a rotina vai se transformando — ganha melhoramentos."

Apenas com a análise de um pequeno trecho da descrição do estudo já é possível entender a ideia central: desde muito novos, os seres humanos praticam a imitação, a repetição e, assim, aprimoram e melhoram processos.

"Ao longo da descrição do episódio, é possível conferir que a repetição da ação de arrastar, de certa forma, garante a continuidade e fluência de uma rotina em construção. Ela permanece no grupo e se propaga, pois, aos poucos, instiga outras crianças, que reproduzem a mesma ação e potencializam sua consolidação no grupo (Corsaro, 2011, 1997/2011; Corsaro; Johannesen, 2007)."

A rotina, citada nesse outro trecho da pesquisa, é um grande indicador da estabilidade. É isso que buscamos desde muito cedo. Para quem tem filhos ou crianças pequenas por perto, vale a pena uma reflexão. Nos bebês, a construção de uma rotina é algo extremamente importante, certo? Eles têm hora de dormir, acordar, se alimentar, tomar banho e todo o restante. Quando saem dessa rotina, sofrem e choram — uma reclamação pela falta da estabilidade que lhes foi apresentada.

Crescemos e continuamos na busca pela estabilidade e usando os padrões de repetição para alcançá-la. Afinal, se temos um grupo de pessoas que estão vivendo bem, com as contas em dia, comida na mesa sempre e, às vezes, até com alguns "benefícios" extras, como viagens e afins, a nossa tendência é querer viver o mais parecido possível com ele, em detrimento do grupo de pessoas que passa por sufocos. Para isso, podemos adotar hábitos e comportamentos semelhantes.

É aí que algumas realidades ganham força. A carreira no funcionalismo público, por exemplo, é o sonho de muita gente, porque se vê que aqueles que são servidores, na maioria das vezes, apresentam uma vida estável, principalmente no que diz respeito ao lado financeiro. Talvez por isso tenhamos tantos concurseiros no Brasil. Também existe muita gente em busca de um emprego CLT, registrado, pois este apresenta maior estabilidade. O próprio trabalho em bancos é um sonho de consumo para quem busca estabilidade, porque os bancos realmente têm essa fama de ofertarem bons salários com bons benefícios. E tudo isso é verdade; são empresas e carreiras que podem oferecer muitas coisas boas. Oferecem, acima de tudo, previsibilidade. A previsibilidade do pagamento, a previsibilidade das férias, do 13º salário e de tantas outras coisas.

A única coisa que elas não oferecem é a estabilidade – assim como nenhum outro trabalho. Você pode ser um funcionário público concursado e passar meses sem receber seu salário, como aconteceu com centenas de servidores no Rio de Janeiro há poucos anos.[7] Você pode ser um empresário bem-sucedido e falir por condições adversas da economia e do mundo. Você pode ser um funcionário CLT de um banco e ser demitido, como eu mesmo fui. **A estabilidade não existe e, quanto antes assumirmos e trabalharmos isso, melhor.**

TUDO É CÍCLICO

Já que estamos aqui em um livro sobre carreira no mercado financeiro, nada mais justo do que abordar um tema comum no mundo dos investimentos e finanças. Os investimentos são cíclicos, e a razão para isso é bastante simples: o mundo e a economia global também são cíclicos. Para facilitar a compreensão, vamos nos prender ao cenário macroeconômico brasileiro e às opções de investimento disponíveis aqui no Brasil.

Com a pandemia de covid-19 que atingiu em cheio o Brasil e o mundo em 2020 e 2021, muitas medidas de isolamento precisaram ser adotadas para tentar conter o avanço do número de casos e as mortes causadas pela doença. A medida era necessária em termos sanitários, mas é claro que também teria um custo econômico. Os comércios e diversos

---

[7] Conferir mais: https://g1.globo.com/rio-de-janeiro/noticia/2016/04/quase-140-mil-aposentados-ficarao-sem-salario-no-rj.html

outros serviços tiveram de parar por um bom tempo e as pessoas também não podiam consumir como antes; com isso, a economia deixou de girar tão bem como girava antes; o movimento natural foi interrompido. O menor consumo impactou a renda e muita gente perdeu o emprego. Para tentar contornar e amenizar a situação de vulnerabilidade econômica em que muitas pessoas acabaram inseridas, o governo precisou criar programas sociais de caráter emergencial, como o Auxílio Emergencial de R$ 600. Outra medida de estímulo foi adotada pelo Banco Central do Brasil, que trouxe a Selic, taxa básica de juros, a 2,00% ao ano, um dos menores patamares já registrados. Com os juros baixos, os títulos de renda fixa (aqueles que têm rentabilidade predefinida e, muitas vezes, têm seu rendimento atrelado aos juros) perderam muito de sua atratividade, justamente porque passaram a entregar retornos menores. Nesse momento, o mercado de ações brasileiro ganhou destaque, porque os investidores estavam em busca de rendimentos maiores. A Bolsa de Valores nacional, a B3, viveu um momento muito positivo e, em junho de 2021, o Ibovespa (principal índice acionário da Bolsa) registrou seu maior nível histórico,[8] aos 130.776 pontos.

Acontece que, com mais dinheiro na mão da população num momento em que as cadeias de produção ao redor do mundo foram

---

[8] Confira mais: https://valorinveste.globo.com/mercados/renda-variavel/bolsas-e-indices/noticia/2021/06/07/e-hexa-ibovespa-bate-6o-recorde-seguido-ao-som-das-promessas-de-lira.ghtml

impactadas pela pandemia — muitos locais de produção foram fechados, reduzindo a oferta de diversos produtos —, a inflação logo começou a dar as caras e subiu a níveis anuais expressivos, ultrapassando a barreira de dois dígitos, ainda em 2021. Para controlar a inflação, o Banco Central só conta com um remédio: elevar os juros. A taxa Selic, em pouco mais de um ano, passou de 2,00% para 13,75% em meados de 2022. Com os juros altos, aquela lógica que falei no parágrafo anterior se inverte e os títulos de renda fixa voltam a ser atrativos, pois oferecem retornos muito maiores. Em consequência da elevação dos juros e de outros fatores adversos no cenário macroeconômico, a Bolsa recuou.

Toda essa situação que tentei resumir em poucas linhas, causada pela pandemia, poderia ter acontecido em qualquer outro momento. Ou seja, apesar de a pandemia ter causado todas essas variações econômicas, em momentos passados foram outros os fatores responsáveis por movimentos muito semelhantes, e assim será, também, no futuro. A economia é cíclica e, consequentemente, os investimentos são cíclicos.

Assim como a economia e os investimentos, tudo é cíclico. A política, as estações do ano... E os empregos também são cíclicos, feliz ou infelizmente, e você precisa ter em mente que não *é* funcionário de uma empresa – **Você ESTÁ funcionário de uma empresa.**

Muitas coisas podem acontecer de uma hora para a outra. Você pode pedir demissão a qualquer momento do lugar onde está para começar um novo desafio que te faz brilhar os olhos. Este próprio livro, que você tem em mãos, pode ser um exemplo de como nada na vida é estável e tudo está sempre se transformando. Eu tenho minha empresa, mas precisava me expandir e conquistar novos públicos, então me lancei para esta aventura que é escrever um livro – e tenho gostado disso.

Tudo está se transformando. Mesmo assim, sempre estamos buscando a estabilidade. O problema é que, assim que acreditamos que encontramos a estabilidade, a nossa tendência é nos acomodar. Veja bem, aqui não quero dizer que essa busca pelo cômodo e confortável é ruim ou errada, de forma alguma. Inclusive, ressalto que todo mundo merece o conforto. No entanto, o comodismo pode ser perigoso.

Vamos pensar aqui no ambiente profissional. Imagine que, depois de apanhar um tanto na vida, passar por sufocos com dinheiro, desacreditar da sua carreira... enfim, depois de um momento difícil, você consegue uma vaga numa empresa de renome, reconhecida pelo mercado e estável. Ela tem anos de história, um histórico bom de pagamentos para funcionários, bons salários e benefícios. É uma empresa que pode ser uma meta para qualquer um e você conseguiu. Todo o conforto que a marca na frente dessa empresa traz pode e deve ser aproveitado, mas é importante ter em mente que aquela é a marca da empresa, não a sua. Mais para frente, nos próximos capítulos, vamos falar mais sobre a construção da marca pessoal, mas o que quero que você tenha em mente aqui é que a sua carreira não se resume ao seu emprego.

> **Grave isso:** a sua carreira é maior do que o seu emprego e você é maior do que a sua carreira.

Tem gente que perde o rumo quando é demitido, e isso é triste, porque muito potencial se perde desse jeito. Eu mesmo me senti perdido logo quando fui demitido do primeiro banco em que trabalhei. E esse "perder o rumo" no começo, vivendo alguns dias de luto pelo que se foi, é até natural, mas não pode durar para sempre e muito menos impedir alguém de dar o próximo passo. Um dos motivos pelos quais as pessoas podem se sentir sem rumo é, justamente, porque se ancorou na marca da empresa e esqueceu da marca pessoal. Acomodou-se àquele emprego e se esqueceu de investir na própria carreira, de existir como profissional para além daquele crédito como funcionário da empresa.

Se você perdesse o emprego que tem hoje, como se viraria? Conseguiria desempenhar outras funções em outras áreas da mesma empresa? Teria pessoas que poderiam te recomendar para ocupar cargos em outros lugares? Teria dinheiro para se manter desempregado durante algum tempo? Você está atualizado das tendências da área em que trabalha? Como ficaria a sua vida hoje se o seu cargo deixasse de existir? É sempre importante pensar nisso como uma realidade próxima, que pode acontecer com qualquer um e a qualquer momento.

O problema não é ter uma zona de conforto. Pelo contrário. Eu gosto de pensar e dizer que a zona de conforto é, justamente, o espaço em que podemos nos propor planejar o próximo passo e, então, colocá-lo em prática. Se você chegou a um lugar confortável no que diz respeito à sua carreira, aproveite isso, usufrua. Mas não deixe de pensar em como você vai evoluir dali em diante. A zona de conforto é maravilhosa para pensar o outro passo! Até porque, pense: é comum e não há nada de errado em almejar um trabalho por conta do dinheiro que se pode conseguir naquela empresa e/ou função. Em um país com um número tão grande de endividados como o Brasil, esse é um ponto importantíssimo e que deve ser levado em conta. Porém, muitas pessoas, depois que alcançam um patamar financeiro confortável, passam a sentir falta de um propósito maior em seu trabalho, uma razão de ser. Seja pelo dinheiro ou pelo propósito, olhar para frente e planejar o próximo passo é sempre essencial.

Exercício: nada é para sempre

Não apenas o desligamento de um funcionário de uma empresa pode acontecer, mas áreas e funções inteiras podem deixar de existir. Se hoje temos profissões que nunca imaginamos, como os profissionais envolvidos com a criação e o funcionamento de Metaversos e analistas de redes sociais, por exemplo, muitos outros trabalhos já existiram e entraram em extinção.

Para ilustrar melhor tudo isso que quero dizer, proponho uma brincadeira. A seguir, você vai encontrar uma tabela com nove profissões que não existem mais e, em cada fileira, há o espaço para completar o que o profissional daquela área fazia. Você se lembra dessas profissões e/ou do momento essas atividades se tornaram irrelevantes para a sociedade? Não tem problema se não souber as respostas; pode chutar. Tente usar a memória. Comente com seus familiares e companheiros, reflitam juntos. Só não vale roubar e olhar as respostas antes de completar!

PROFISSÃO	O QUE FAZIA?
Ator/atriz de rádio	
Telefonista	
Operador de mimeógrafo	
Lanterninha	
Leiteiro	
Atendente de locadora	
Acendedor de postes	
Arquivista	
Cortador de gelo	

Os **atores e atrizes de rádio**, como o próprio nome já diz, eram aqueles artistas que interpretavam novelas nos rádios. Com a invenção da televisão e todas as outras tecnologias posteriores a isso, atores de rádio perderam espaço – afinal, entre só ouvir e ter a experiência completa de ver o que estava acontecendo também, a segunda opção ganhava.

Telefonistas eram pessoas, majoritariamente mulheres, que realizavam uma intermediação entre uma linha telefônica e outra. Essa ponte de conexão era necessária porque, até a década de 1980, no Brasil, não era possível ligar de uma pessoa para a outra – apenas para as centrais telefônicas.

Operador de mimeógrafo era "o cara da impressão" antes de as impressoras serem criadas e popularizadas. Mimeógrafo era um aparelho à base álcool e tinta, no qual as folhas eram passadas para que o que estava escrito no estêncil "grudasse" no papel em branco. Uma cópia em larga escala.

Lanterninha era um funcionário de cinemas que auxiliava as pessoas a encontrarem seus assentos e a se locomoverem dentro das salas, pois os ambientes eram muito escuros. Com o desenvolvimento das tecnologias de iluminação, essa profissão deixou de ser necessária.

Leiteiro parece ser coisa só de filme, não é mesmo?! Mas eles de fato existiram e eram comerciantes de leite fresco, que deixavam frascos na porta das pessoas em troca de um valor a ser recebido – em algumas cidades do interior do Brasil, ainda é possível encontrá-los.

Atendente de locadora eram os funcionários que trabalhavam nas locadoras de vídeos. Se você que está lendo esse livro é da geração Netflix e outros streamings, permita-me explicar. Há não muitos anos, no início dos anos 2000, para assistir a filmes em casa era necessário ter algum aparelho que reproduzisse fitas ou DVDs, e essas fitas eram disponibilizadas por lojas de aluguéis de filmes, as locadoras. Parece uma realidade paralela, mas de fato existiu.

Acendedores de postes eram pessoas que, diariamente, acendiam e apagavam os lampiões usados para iluminar as vias públicas. A eletricidade, tão comum ao nosso dia a dia, faz a luz chegar a qualquer lugar de forma extremamente rápida e sem grandes esforços; parece mágica. Mas antigamente não era assim e o trabalho precisava ser realizado manualmente.

Arquivista é um profissional responsável por organizar documentos de arquivos, sobretudo de empresas, priorizando tudo com base no grau de importância e organizando pelo tempo de arquivamento necessário. Embora muito raro, pode ser possível encontrar um arquivista em operação em alguma companhia mais tradicional ainda hoje.

Cortador de gelo talvez seja o trabalho nessa lista com o nome mais intuitivo e, realmente, a função do profissional era cortar gelo. Refrigeradores nem sempre existiram e, antes de tal invenção, moradores de zonas geladas (ou melhor, congeladas) cortavam pedaços de gelos de rios congelados para comercializar.

Além dessas profissões que foram citadas nessa brincadeira, muitas outras também deixaram de existir e outras tantas logo também começarão a perder sua relevância com os avanços tecnológicos. O intuito de te fazer relembrar dessas funções é, justamente, mostrar quanta coisa que antes parecia essencial hoje já não faz sentido nenhum. E as pessoas que desempenhavam esses trabalhos precisaram se readaptar de uma forma ou outra. E é isso que importa: a estabilidade não existe, mas podemos (e devemos) nos preparar para as mudanças, de forma que elas sempre ocorram da forma mais leve possível.

E você, estaria preparado se sua função deixasse de existir hoje?

A instabilidade não é de todo ruim: os cases do mercado financeiro

Temos o hábito de encarar a instabilidade – ou a falta de estabilidade – com maus olhos. Natural, uma vez que estamos a todo tempo buscando aquilo que é conhecido e lugares e situações em que nos sentimos confortáveis.

Em contrapartida, é na falta de estabilidade que muitas mudanças importantes acontecem e trazem transformações importantes demais para o mundo, sejam essas mudanças em áreas, profissões, grupos sociais ou qualquer outro ponto dessa equação.

Com o mercado financeiro não é diferente e, para ilustrar essa ideia de forma bastante prática, vou contar uma história de evolução e transformação da nossa Bolsa de Valores, a B3.

Fundada em 23 de agosto de 1890, a Bovespa (B3) é a única bolsa que temos no Brasil e é, também, a mais importante de toda a região da América Latina. Naquela época, nem preciso dizer, o conhecimento sobre mercado financeiro, investimentos, bolsas de valores e afins ainda era muito limitado e disponibilizado para um número muito pequeno de pessoas.

Com o passar do tempo e a expansão natural do mercado não só no Brasil, mas em todo o mundo, mais gente foi chegando e conhecendo o ambiente da bolsa, mesmo que em uma proporção muito menor do que temos hoje.

Até o fim dos anos 1990, então, os negócios na Bolsa eram feitos de forma muito rudimentar, por assim dizer. Era o famoso pregão viva-voz, e o nome, neste caso, não apenas é bastante sugestivo, como também diz exatamente como funcionava esse método. Os corretores, que naquela época necessariamente tinham de trabalhar dentro do prédio da B3, localizado no centro de São Paulo, só conseguiam fazer seus negócios contando com o poder do "gogó". Com base nos movimentos do mercado, eles ficavam gritando "compra" e "vende" para os ativos que queriam negociar, a fim de que alguém atendesse à demanda e, assim, o negócio era feito. Para que o cliente pudesse falar com o corretor, ligava para o escritório da corretora, que, por sua vez, falava com os corretores (funcionários) que estavam disponíveis. Consegue imaginar a loucura? Não é nada próximo de como as coisas funcionam hoje.

Tudo funcionou dessa maneira até 1999, quando a Bolsa adotou e implementou as operações por *Home Broker* no Brasil, utilizando todas as revoluções tecnológicas de até então, como os avanços nas técnicas de programação em HTML e o próprio uso da internet.

De acordo com a Bovespa, define-se por Home Broker "o acesso ao sistema de operações da Bovespa efetivado por um cliente final via Internet, através da página de uma corretora de valores mobiliários". É a forma eletrônica de negociação de ações que utiliza a internet como veículo de comunicação entre o investidor e a corretora.

Em 2008, os pesquisadores Marcela Maciel Pinheiro e Carlos Francisco Simões Gomes, ambos do Ibmec-RJ, divulgaram uma pesquisa bastante interessante sobre a evolução do mercado acionário com base na implementação do home broker. Deixo aqui parte da explicação elaborada por eles para conceituar o que é e qual foi o impacto dessa simples ferramenta no mercado.

> **O sistema de Home Broker é um sistema similar aos sistemas de Home Banking disponibilizados pelos bancos para seus clientes, que permite ao acionista realizar diversas operações a partir da sua mesma conta bancária e via internet. Dessa forma, operar ações com esse sistema se tornou mais fáceis e familiar para os investidores (Andersen, 2006).**

O *Home Broker* é um canal de comunicação entre os investidores e as Sociedades Corretoras credenciadas na Bovespa (antigo nome da atual B3). É um sistema de negociação eletrônica de ações que permite ao investidor fazer operações de compra e venda de ações através do site da corretora em que o cliente esteja cadastrado. A corretora deve ser membro da Bovespa e oferecer essa ferramenta. A criação desse sistema teve como objetivo facilitar a entrada de pequenos investidores no Mercado Acionário e fazer com que, cada vez mais, investidores, principalmente pessoas físicas, participassem do mercado. Essa ferramenta populariza o mercado de ações e deixa o seu acesso mais fácil, e de forma rápida e segura (Piazza, 2005).

A Bovespa fornece tecnologia necessária para que as corretoras interliguem seus sistemas de negociação a ela. Assim, as corretoras puderam contar com grande diminuição de custos propiciada pelo sistema, possibilitando a entrada de pequenos investidores, o que não era economicamente viável antes. Além de negociar ações, o Home Broker também permite aos investidores operar outros ativos de outros mercados, como opções do mercado de derivativos. O sucesso da ferramenta também se dá pelo fato de os investidores poderem acompanhar o mercado diariamente em tempo real e terem a chance de saber o que acontece de maneira geral. Não é só um painel de negociação, mas também um painel informativo e de consultas.

O sistema de negociação de ativos via Internet oferece custo reduzido para os clientes, e esse é mais um motivo para justificar o perfil do cliente como alguém que vai operar mais sozinho, por conta própria, com acesso às ferramentas disponibilizadas pela corretora à qual ele está vinculado.[9]

Segundo os pesquisadores, a adoção do sistema home broker permitiu "que cada vez mais pessoas pudessem participar do mercado acionário e, ao mesmo tempo, tornando ainda mais ágil e simples a atividade de compra e venda de ações". O sistema começou com apenas cinco corretoras escolhendo experimentá-lo, mas hoje está disseminado por todo o mercado e é difícil encontrar um lugar onde ele não seja usado.

Além de entender as vantagens tecnológicas trazidas por uma única plataforma para todo o mercado financeiro brasileiro, acho interessante, também, olharmos para alguns números.

Veja só:

- O número de negócios por dia registrado na Bolsa em 1999, antes da implementação do home broker, era de uma média bastante inferior a 20 mil.
- O número de negócios por dia registrado na Bolsa em 2006, um ano após o encerramento total do pregão viva-voz, era de uma média próxima aos 120 mil.
- A participação percentual de pessoas físicas nos negócios da Bolsa passou de 16% em 1999 para 24% em 2006.

---

[9] https://www.aedb.br/seget/arquivos/artigos08/285_artigohsbc.pdf

Esses são apenas alguns números dentro de uma infinidade de estatísticas sobre o tema. E você deve estar se perguntando o porquê de eu trazer esses números para nossa conversa. A resposta é bem simples: para mostrar que a tecnologia, as mudanças e a falta de estabilidade não foram ruins para o mercado nesse caso, mas, no sentido oposto, acabaram por elevar o volume de negócios e até a participação do investidor pessoa física nesse montante.

Na prática, isso significa que a tecnologia não acabou com o trabalho do ser humano, mas tornou-o ainda mais necessário. Apesar do que podia ser pensado na época, a respeito de que o home broker substituiria o trabalho dos corretores, a ferramenta apenas facilitou o acesso e fez crescer muito o número de profissionais, inclusive porque o número de investidores também cresceu significativamente. Com mais investidores, aumenta a demanda por serviços dentro do mercado financeiro e aumenta a necessidade de profissionais qualificados.

Essa é uma realidade que, na verdade, não para de crescer. De acordo com dados da própria B3,[10] foi só em 2019 que o Brasil bateu a marca de 1 milhão de contas abertas em corretoras de valores. Com a constante implementação de melhorias e novas tecnologias, em setembro de 2022 esse número já ultrapassava os 5,4 milhões. Foram mais de 4 milhões de novas contas em três anos, e a coisa não para de crescer, principalmente

---

10 Matéria da UOL: https://economia.uol.com.br/cotacoes/noticias/redacao/2019/05/09/bolsa-alcanca-1-milhao-de-investidores-pessoas-fisicas.htm

com a disponibilidade de tantos conteúdos sobre educação financeira e investimentos em todos os meios de comunicação, dos tradicionais jornais impressos ao mundo sempre novo das redes sociais.

Mas isso não significa que muitas funções dentro do mercado financeiro podem e devem deixar de existir. Ao mesmo passo que cresce o interesse nesse mercado tão vasto, cresce também a disponibilidade de muitas tecnologias que substituem o trabalho humano em algumas frentes. Mas não são todas as funções que serão substituídas. Na minha visão, isso só vai acontecer com o que é operacional, justamente porque o que é operacional pode ser feito por máquinas, por um custo muito inferior – e, mesmo que pareça uma visão fria e impessoal, é assim que os empresários estão pensando.

Um exemplo muito bom é o *ChatGPT*, tecnologia recente que levantou uma série de questionamentos. Ele é um chatbot (ou um robô de conversas, na tradução livre), alimentado por inteligência artificial, que tem a capacidade de bater altos papos com o ser humano e de, inclusive, auxiliar com algumas tarefas. Uma dessas tarefas, por exemplo, é fazer contas de matemática. Pelo que se sabe até aqui, o *ChatGPT* é muito bom fazendo operações matemáticas e, nesse sentido, pode substituir a mão de obra humana no que diz respeito às funções que demandam apenas essa parte operacional de fazer contas.

Então, quais são as funções que não podem ser substituídas? Na minha visão, o que não pode ser substituído é aquilo que só o ser humano é capaz de fazer (pelo menos até agora): criar relações uns com os outros de forma a entender as diferenças que existem de pessoa para pessoa.

Ana Leoni, especialista em comportamento financeiro que já trabalha no mercado há bons anos, compartilhou uma experiência em uma live que fizemos juntos para o Instagram, que cabe perfeitamente para explicar meu ponto de vista. Ela conta que, ainda quando era bem nova no mercado, aconteceu uma crise com o dólar que deixou muita gente desesperada – o que é relativamente normal, os ânimos sempre se exaltam bastante no mercado justamente por estarmos lidando com o dinheiro das pessoas. A Ana tem uma lembrança forte de, naquele momento, um investidor já bastante experiente ligar para ela e ficar por bons minutos conversando para que ela pudesse acalmá-lo. Ela, que ainda era nova no mercado, passou minutos no telefone acalmando um investidor experiente para que ele não cometesse algum equívoco com seus investimentos no calor da emoção. Essa é uma habilidade que só os seres humanos têm.

Essa mesma realidade pôde ser observada bem recentemente, quando o caso da Americanas estourou e todo mundo soube que a gigante varejista conta com uma dívida que já ultrapassa os R$ 40 bilhões. O que mais se via nas páginas de investimentos e finanças nas redes sociais era gente perguntando aos especialistas o que fazer com as ações da empresa e quais eram as perspectivas para esses papéis.[11] Veja bem: em meio ao desespero, as pessoas recorreram a outras pessoas, porque robô nenhum consegue ter a dimensão dos sentimentos envolvidos nesses processos.

E não é apenas em momentos difíceis que o trabalho humano se destaca. Na verdade, ele é necessário a todo momento, porque sempre estamos em busca da credibilidade que um profissional pode nos oferecer. Cada investidor tem uma maneira de pensar e de viver a vida e, necessariamente, isso implica uma forma diferente de pensar e viver seus objetivos financeiros. Assim, os investimentos mais adequados para cada um são diferentes. Uma mãe solo e jovem, por exemplo, muito provavelmente tem necessidades e condições bastante distintas de um homem nos seus 40 anos que não teve filhos e escolheu investir apenas na carreira. Mas ambos esperam encontrar credibilidade e confiança para investir – e isso só é oferecido por seres humanos que são bons profissionais.

Até o começo de 2022, segundo dados reunidos da Anbima, Ancord, Apimec e Planejar, eram quase 715 mil profissionais[12] certificados no mercado financeiro brasileiro. E há muito mais espaço para quem se destacar para além das funções operacionais, entregando o trabalho que só pode ser entregue pelo ser humano.

---

11 Termo utilizado para se referir a um ativo financeiro ou a uma ação

12 Confira mais: https://proeducacional.com/numero-profissionais-certificados/

CAPÍTULO 3

O método DRE

Tendo em vista que a estabilidade não existe, podemos – ou até devemos – encontrar formas de tentar nos manter o mais seguro possível dentro das adversidades da vida. Para isso, desenvolvi um método que tem como objetivo nos fazer lembrar quais devem ser as bases do nosso tripé da segurança:

DRE: Dinheiro, Relacionamentos e Emoções.

Vamos começar falando sobre o Dinheiro

De acordo com dados da Pesquisa de Endividamento e Inadimplência do Consumidor (PEIC) da Confederação Nacional do Comércio (CNC),[12] em novembro de 2022 30,4% da população brasileira tinha dívidas em atraso no acumulado em 12 meses até aquele período. Esse é o maior patamar de inadimplência no país observado pela pesquisa em toda a sua série histórica, iniciada em janeiro de 2010. Vale lembrar, ainda, do "Mapa da Nova Pobreza" no Brasil, desenhado pela FGV com dados da PNAD Contínua, que revela que 29,6% da população total brasileira vive com até R$ 497 por mês.

Com todos esses números em mente, fica fácil entender por que as pessoas buscam o dinheiro e atrelam o sucesso a um bom salário. Hoje,

---

12 Confirma mais: https://agenciabrasil.ebc.com.br/economia/noticia/2022-12/endividamento-atinge-789-das-familias-brasileiras-revela-pesquisa

com R$ 497 por mês, uma família não consegue comprar uma cesta básica. Um levantamento produzido pela CNN Brasil com base em dados do Departamento Intersindical de Estatística e Estudos Socioeconômicos (Dieese[13]) revelou que, até junho de 2022, uma cesta básica custava R$ 663,29. Não à toa, cerca de 33 milhões de brasileiros vivem em situação de insegurança alimentar atualmente.

Em uma realidade como essa, são poucas as pessoas que conseguem parar para pensar e discutir a educação financeira. Mas, justamente por estarmos em um país com índices tão alarmantes de pobreza e fome, é essencial olhar com muita atenção para a forma como cuidamos do nosso dinheiro. É exatamente porque a estabilidade não existe que precisamos pensar no futuro e, em um mundo capitalista, tudo envolve custos ligados ao capital econômico.

Aqui, eu coloco mais um questionamento: se hoje você perdesse o emprego, como faria para pagar suas contas nos próximos meses? O dinheiro que você tem na conta ou guardado em qualquer outro lugar seria o suficiente apenas para dar conta do mês ou conseguiria manter a sua família por um período de alguns meses, até que você se reestabelecesse profissionalmente?

A primeira ponta do tripé da segurança é o Dinheiro. Ou melhor, é a Saúde Financeira. Muitas pessoas adoecem porque perdem a fonte de

---

13   Confira mais em: https://cps.fgv.br/MapaNovaPobreza

renda e o cérebro entra em curto-circuito pensando em como lidar com as contas e os boletos que não param de chegar e precisam ser pagos para que tenhamos comida, casa, água, luz, saúde, educação, e o que mais estiver na lista de despesas.

Os períodos de crise econômica são marcados em geral por aumentos das taxas de suicídio. O crash na bolsa em 1929 deixou no imaginário da população na época a imagem de investidores se atirando de prédios após terem perdido boa parte de seu dinheiro que estava em ações. A crise que se instalou após 1929 levou a um aumento real na taxa de suicídios.

Diversas pesquisas sobre a crise econômica mundial recente apontam também altas nas taxas de suicídio. Estudo feito com dados das taxas de suicídio em dez países da Europa durante os anos de 2007 a 2009 apontaram aumentos de 5% a 17%, com Irlanda e Grécia entre os mais afetados.

Outra pesquisa, comparando dados de antes e depois de 2007, indica que EUA, Canadá e Europa tiveram cerca de 10 mil suicídios mais diretamente ligados à crise e à recessão econômica. Além de forte aumento na venda de antidepressivos. Nos Estados Unidos, nos estados que tiveram mais demissões, as taxas de suicídios eram significativamente mais altas que em outros."[14]

Para, então, firmar essa ponta do tripé no chão de forma a evitar transtornos e maiores dificuldades em momentos de adversidade, o essencial é que se monte uma reserva de emergência, termo tão famoso no mercado financeiro. Cada especialista aconselha o seu cliente de uma forma na montagem de uma reserva, mas uma média praticada pelo mercado é que uma boa reserva tem um montante equivalente a seis meses de gastos. Ou seja, não importa quanto a pessoa ganha. Se ela gasta 5 mil por mês, o ideal é ter uma reserva de 30 mil – pois assim sua reserva de emergência contemplará os gastos de seis meses.

E você pode até estar se perguntando por que estamos falando sobre saúde financeira em um livro voltado para pessoas que já atuam na área ou que visam se tornar profissionais do mercado financeiro. Mas a realidade é muito mais dura do que parece ser. Eu mesmo, que vos falo, passei por muitos perrengues até estar numa situação confortável financeiramente quando já trabalhava em bancos, como contei na introdução do livro. Os bancários, corretores de valores, economistas, analistas financeiros e todos os outros tipos de profissionais do mercado não

---

14 Sindicato dos Trabalhadores do Judiciário Federal no Estado de São Paulo: https://www.sintrajud.org.br/relacao-do-suicidio-com-a-crise-economica-dificuldades-financeiras-e-desemprego-2/

estão blindados dos erros na vida financeira, não estão blindados das dificuldades e entender isso é importante para colocar os pés no chão e compreender que tudo pode acontecer a qualquer momento; ter uma boa situação financeira é o que vai te ajudar a não se desestruturar.

O brasileiro já nasce em um ambiente onde estar endividado é o normal. E não precisamos ir longe na questão das dívidas: é só pensar naqueles financiamentos de milhares de reais para comprar um imóvel ou um carro, por exemplo. Parcelar uma conta no cartão de crédito já é a contração de uma dívida, e precisamos entender que estamos inseridos nesse contexto para passar a enxergar as formas de sair dessa relação de normalização das dívidas, da insegurança financeira. Reconhecer é o primeiro passo para buscar uma melhor condição, é o primeiro remédio no tratamento para a saúde financeira.

Relacionamentos

A segunda base do tripé são os relacionamentos. Aqui, não estamos falando sobre os relacionamentos amorosos nem de nada parecido. É o relacionamento de *networking*, a construção de uma boa rede de contatos que pode te ajudar a se recolocar no mercado. É aquela pessoa que, quando souber de uma boa vaga com o seu perfil dentro de uma empresa, vai te indicar porque reconhece em você um bom profissional.

Como contei no começo deste livro, ter bons relacionamentos me ajudou muito durante minha trajetória – e ajuda muitas pessoas no mercado afora. Por exemplo, quando fui demitido do Itaú, os colegas permaneceram e puderam me indicar em outros momentos, porque conheciam meu trabalho e comprometimento, além de saberem que eu era alguém com quem eles podiam contar. Não aconteceu isso apenas com os colegas de empresa, mas também continuei atendendo alguns clientes, lembra? Isso ocorreu porque construí e mantive essa boa relação com eles, de forma a ter credibilidade no meu trabalho e ser lembrado e procurado.

Desejo contar brevemente a história de outra aluna minha, a Bruna, que passou por várias transformações em sua carreira, e que se beneficiou muito das suas boas relações durante sua trajetória profissional.

Depoimento de Bruna Rocha Araki Silva, aluna da T2 Educação
Meu nome é Bruna, tenho 30 anos, sou casada e mãe da Maitê, de um ano e cinco meses. Venho de origem pobre, sempre estudei em escola pública. Comecei a trabalhar com 12 anos, como monitora em um Clube de Campo na região de Cotia; aos 15, trabalhei como vendedora em uma loja de roupas femininas. Aos 16 anos, fui promovida a gerente. Desde cedo, tive a oportunidade de trabalhar com pessoas. Em 2014, aos 20 anos, comecei a cursar a faculdade de Administração, em Cotia, por meio de uma bolsa de estudos 100% gratuita que ganhei porque minha

mãe trabalhava na faculdade como auxiliar de limpeza. Por esse motivo, eu saí do meu emprego e comecei a trabalhar como vendedora em outra loja com um horário mais flexível para meus estudos, que também oferecia oportunidade de um plano de carreira mais atraente.

Em 2017, fui chamada para fazer uma entrevista para estágio em agências do Banco Itaú, e fui contratada como efetiva na função de caixa. Com seis meses de banco, fiz o curso CPA10 e posso dizer que muito da minha evolução na carreira se deu pelos cursos que fiz. Em 2019, consegui a promoção para agente comercial e gostei bastante da experiência. Em 2021, com a pandemia, tive mais tempo para estudar, e então decidi iniciar o curso preparatório da certificação CEA e iniciei meu MBA em Gestão de Vendas pela USP ESALQ.

Em agosto de 2021, passei na CEA e me inscrevi nas vagas do íon e do Itaú Personnalité. Enquanto isso, também comprei o curso de lançamento da T2 para CFP. Rapidamente tive a oportunidade de participar de uma entrevista no Itaú Personnalité, e fui promovida a agente de relacionamento Personnalité. Nesse momento descobri que estava grávida há dois meses. Infelizmente, senti muito medo. Entretanto, com o apoio da minha nova gestora, continuei os meus planos de estudos. Em dezembro de 2021, grávida de 6 meses, realizei o 39º Exame de Certificação CFP e fui aprovada com mais de 70% de acertos em todos os módulos.

Em março de 2022, minha filha nasceu; eu entrei em licença-maternidade e passei por todos os desafios dessa intensa jornada que é ser mãe.

Em agosto de 2022, ainda em licença, voltei a acompanhar o mercado financeiro e me atualizar; e, em outubro, voltei a trabalhar. Com o incentivo da minha gestora, participei de uma entrevista no *íon on Demand*, área de assessoria receptiva do Itaú. Com duas semanas de retorno, fui promovida a especialista de investimentos.

Atualmente, em 2023, estou no meu oitavo mês de contrato em uma operação de 100 especialistas e estou ocupando o terceiro lugar no ranking de performance. Estou muito feliz com meu momento de vida e tenho certeza de que esse é apenas o começo. Acho que vale ressaltar que em toda essa jornada eu tive muitos desafios e algumas coisas foram essenciais: minha fé em Deus, minha determinação de saber o lugar ao qual eu queria chegar, minha crença fiel de que eu iria conseguir. E muita terapia!

Espero que a minha história inspire mulheres que possuem o desejo de se tornarem mães, mas temem que essa decisão possa atrapalhar suas carreiras. Não é fácil, mas é absolutamente possível, ainda mais com boas conexões no ambiente de trabalho.

Mais para frente, nós vamos nos aprofundar em como construir essa boa base de relacionamentos. Mas, por enquanto, para entender o método DRE e montar o seu tripé de segurança, vamos a outro exercício para forçar um pouco mais seus sentidos.

EXERCÍCIO: A LISTA DE CONTATOS

Este exercício pode muito simples ou muito difícil. Tudo vai depender de como anda o seu relacionamento com as outras pessoas, o seu networking.

Se tudo desse errado na sua vida hoje, a quem você recorreria? Imagine que você perdeu o emprego e precisa se recolocar no mercado. Quem você pode chamar? Com quem você pode contar, seja para uma indicação a uma vaga, seja para te ajudar a melhorar o seu currículo, ou qualquer outra coisa que possa ser relevante na hora de se reerguer depois de um tombo?

Neste exercício, a ideia é que você preencha o nome das pessoas com quem você pode contar e, se possível, indique no que cada uma delas pode te ajudar. Se quiser, inclusive, vale deixar anotado o número de telefone ou e-mail dessas pessoas, para ficar fácil de consultar em caso de necessidade.

Com quem eu posso contar para me recolocar?

_____

_____

_____

Emoções

Como você ficaria, psicologicamente, no caso de uma demissão? Como você reagiria a uma eventual falência na empresa em que trabalha ou à extinção do cargo em que você está hoje, mesmo que te propusessem migrar para outra área?

Assim como falamos há poucas páginas, quando abordamos as crises econômicas, o número de pessoas que adoecem e, muitas vezes, acabam até morrendo como consequência de uma intempérie profissional e financeira é grande. E o baque realmente é forte. Sobretudo para quem tem família para sustentar, perder essa estabilidade, mesmo que ela seja falsa, é um impacto muito grande e motivo de grande estresse. Por isso, há uma necessidade latente de trabalhar o lado emocional para que, cada vez mais, nos sintamos preparados para lidar com as adversidades.

Hoje em dia, já é bastante comum encontrar empresas mais atentas a questões de segurança no trabalho que prezam pela saúde mental dos colaboradores e oferecem apoio psicológico profissional. Se esse for o caso do lugar onde você trabalha, aproveite para colocar para fora todos os seus medos e inseguranças e trabalhar as questões que são problemas, para que os processos possam ser mais leves.

Se sua empresa não oferece esse auxílio, busque por conta própria. Há diversas opções de terapias por meio de convênios e também no Sistema Único de Saúde (SUS) ou organizações não governamentais que oferecem apoio por valores simbólicos. O importante é contar com esse apoio psicológico a fim de preparar o cérebro para lidar com as adversidades e, a partir daí, encontrar os mecanismos que te ajudam a se sentir bem, como uma atividade física, um hobby ou uma meditação, por exemplo. O lado emocional frequentemente é negligenciado, e só quando algo ruim acontece percebemos como ele é importante. Atente a isso!

Quero aproveitar este espaço, inclusive, para me aprofundar na questão emocional dentro do mercado financeiro. Eu estou no mercado há mais de 18 anos e já vi de tudo, de pessoas cansadas a alguém que sonhava com entrar neste mundo e, depois de seis meses, se ver desesperado para sair porque não se encontrou ali dentro. Além de usar minha experiência para retratar o que já vi, quero iniciar falando de mim, de algo muito marcante que aconteceu comigo e que me fez repensar a importância da questão emocional e do autoconhecimento na vida profissional.

SOBRE O TDAH

Uma nova situação que tenho vivido é a de me entender como uma pessoa que tem Transtorno de Déficit de Atenção e Hiperatividade (TDAH). Esse transtorno, que antes era comumente associado às crianças que "davam trabalho" na escola, passou a ser mais estudado e compreendido com o passar dos anos e, hoje, além da maior facilidade em diagnosticar crianças corretamente, muitos adultos também passaram a descobrir essa condição. Esse foi o meu caso.

Uma das principais formas de obter esse diagnóstico na vida adulta se dá por meio da anamnese, uma longa conversa com um especialista em psiquiatria ou neurologia, mas há alguns sintomas comuns. Minha intenção aqui, de forma alguma, é induzir ao autodiagnóstico (aliás, se você acredita que pode ter qualquer tipo de neurodivergência, busque a opinião de médicos, não de qualquer outro tipo de profissional). A minha intenção é apenas mostrar como as características que são consequências do TDAH estão presentes de forma muito mais ampla no nosso dia a dia com pessoas com quem convivemos, sem nem nos darmos conta.

- Falta de atenção ou dificuldade em manter a atenção.
- Dificuldade de concentração em situações ou quando as pessoas falam com você, mesmo que te olhando diretamente.
- Falta de organização.
- Deixar projetos pela metade, mesmo quando a parte mais difícil já foi feita.
- Distração com barulhos ou outros tipos de coisas que parecem irrelevantes.
- Dificuldade para lembrar de compromissos ou obrigações.
- Dificuldade de lembrar onde deixou as coisas.

- Inquietude em momentos nos quais precisa ficar sentado ou na mesma posição por muito tempo.
- Sensação de agitação.

Fonte: Associação Brasileira de Déficit de Atenção[15]

Esses são apenas alguns dos sintomas e das condições que alguém com TDAH vive. Com o passar do tempo, finalmente pude entender alguns dos meus comportamentos. Foi algo que transformou minha visão e me permitiu aprender algumas lições, que quero passar como ensinamentos para outras pessoas.

Entender quais são as nossas dificuldades, os nossos pontos negativos, os pontos de atenção, é algo tão importante quanto saber aquilo em que mandamos bem. O autoconhecimento tem de abranger o todo, não apenas o que há de melhor dentro das nossas características.

Com o diagnóstico e a compreensão de tudo o que o TDAH pode influenciar nos meus comportamentos, confesso que até a minha demissão no banco em que trabalhava passou a fazer mais sentido. Eu era e agia como um furacão. Queria fazer tudo de uma vez, com uma agitação e uma inquietude absurdas, até para as coisas mais simples. Uma analogia: se eu sabia que eu tinha de tomar dois litros de água por dia para manter uma vida saudável, então eu queria tomar toda essa quantidade em 15 minutos

---

15   Confira mais em: https://tdah.org.br/diagnostico-adultos/

para tirar aquela tarefa da frente. Mas sabemos que não é assim que as coisas funcionam, seja para a quantidade de água que tomamos em um dia ou para como desempenhamos nossas tarefas no ambiente profissional.

De toda forma, eu aprendi a conviver com essa condição, assim como todas as pessoas que têm TDAH ou qualquer outro tipo de transtorno. Hoje, por exemplo, toda a parte de organização de contas da minha empresa fica aos cuidados da minha esposa e sócia, porque uma das características do TDAH é essa dificuldade em lembrar de compromissos e, por isso, as datas para pagar os boletos muitas vezes já passaram batidas.

Até chegar a esse ponto de dividir e delegar as funções nas quais eu não sou bom, porém, houve um longo processo. Aliás, independentemente de ter ou não alguma condição que te traga comportamentos específicos, toda pessoa, em sua individualidade, tem aquilo no que é boa e no que é ruim. É importante saber quais são essas coisas, mas entendendo que ninguém no começo da carreira consegue simplesmente delegar as funções em que não manda tão bem.

Afinal, imagine um cenário em que, recém-contratado, você vire para o seu chefe e fale: "Essa atividade que você solicitou eu não consigo desempenhar porque não sou tão bom nisso quanto em outras coisas". Não existe essa possibilidade na imensa maioria dos casos, não é mesmo?

Então, o que fazer?

Minha experiência me mostrou que o próprio autoconhecimento é a resposta. Ao entender quais são as coisas nas quais você não manda tão bem e reconhecer isso, a primeira consequência é o abandono do sentimento de culpa em troca da adoção de uma iniciativa de se esforçar. Se você sabe que terá de fazer algo que não está dentro das suas melhores habilidades, fica mais fácil de trabalhar o psicológico de forma a se esforçar para dar o seu melhor naquilo, pedindo ajuda quando necessário, até que seja possível crescer na carreira e passar a delegar as funções.

É necessário passar pela situação em que não se pode delegar para chegar ao nível em que é possível delegar, entende? E a ideia não é esconder suas limitações de ninguém, mas buscar formas de enfrentá-las. O autoconhecimento é a primeira e mais importante das habilidades pessoais.

É preciso entender que passar por fases, mesmo as mais desafiadoras e incompreensíveis, é algo de extrema importância no desenvolvimento profissional e pessoal de qualquer um.

Nos bastidores do mercado há uma ideia muito forte de que precisamos entregar alta performance, inclusive é algo muito relacionado ao próprio ambiente dos investimentos, à ideia de alavancar os resultados, otimizar e ganhar mais. E aqui eu não quero dizer que não temos de ter uma alta performance; temos de entregar nosso melhor, mas dentro dos nossos limites.

No próximo capítulo, vou falar especificamente sobre isso, mas quero adiantar uma ideia: o seu trabalho não pode ser maior do que a sua carreira e, mais que isso, a sua carreira não pode ser maior que a sua vida, mesmo que a sua carreira seja uma parte muito importante da sua vida.

Em uma conversa muito interessante para o Fincast com a psicóloga Edwiges Parra, falamos sobre a saúde mental dentro do ambiente corporativo e ela disse algo que me marcou: "Quem passa pelo ambiente corporativo e não sai com nenhuma cicatriz é porque, na verdade, não passou". Forte, não é? Infelizmente essa é a realidade em que vivemos hoje, e trabalhar para transformá-la não é fácil. Por isso, o entendimento sobre a importância da saúde mental é tão importante.

A Edwiges levantou, inclusive, uma questão que só começou a ser falada há pouco tempo, mas que atinge muita gente. É extremamente comum encontrar pessoas por aí que passam a desenvolver sintomas físicos por conta de problemas emocionais. A gastrite, por exemplo, que causa uma dor terrível na boca do estômago, está estritamente ligada ao estresse e à ansiedade. O sistema imunológico pede socorro, muitas vezes.

Não apenas as doenças físicas, mas as emocionais também têm um impacto enorme. Você já ouviu falar da síndrome de burnout? Também conhecida como síndrome do esgotamento profissional, "é um distúrbio emocional com sintomas de exaustão extrema, estresse e esgotamento físico resultante de situações de trabalho desgastante, que demandam muita competitividade ou responsabilidade", conforme explica o Ministério da Saúde[16] por meio do site oficial do Governo Federal.

---

16   Confira mais em: https://www.gov.br/saude/pt-br/assuntos/saude-de-a-a-z/s/sindrome-de-burnout

O Ministério tem uma lista de sintomas principais para identificar o transtorno, que vou colocar aqui desejando que ninguém se identifique com eles, mas com o propósito de mostrar como esse esgotamento muitas vezes está mais próximo do que acreditamos. Os principais sintomas são:

- Cansaço excessivo, físico e mental
- Dor de cabeça frequente
- Alterações no apetite
- Insônia
- Dificuldades de concentração
- Sentimentos de fracasso e insegurança
- Negatividade constante
- Sentimentos de derrota e desesperança
- Sentimentos de incompetência
- Alterações repentinas de humor
- Isolamento
- Fadiga
- Pressão alta
- Dores musculares
- Problemas gastrointestinais
- Alteração nos batimentos cardíacos

O burnout é o auge do esgotamento profissional, da falta de cuidado com a saúde mental dentro do ambiente corporativo. É difícil, mas não precisa ser assim, e por isso eu bato na tecla de como é importante trabalhar a saúde mental, o pilar emocional, que é essencial para nos sustentar nos bons e maus momentos.

Além da terapia, da qual falei mais acima, há outras coisas que podemos fazer para tentar nos blindar e nos prevenir dos males que o ambiente profissional pode causar. Essas dicas também são recomendações do próprio Ministério da Saúde:

- Defina pequenos objetivos na vida profissional e pessoal.
- Participe de atividades de lazer com amigos e familiares.
- Faça atividades que "fujam" à rotina diária, como passear, comer em restaurante ou ir ao cinema.
- Evite o contato com pessoas "negativas", especialmente aquelas que reclamam do trabalho ou dos outros.
- Converse com alguém de confiança sobre o que está sentindo.
- Faça atividades físicas regulares. Pode ser academia, caminhada, corrida, bicicleta, remo, natação etc.
- Evite consumo de bebidas alcoólicas, tabaco ou outras drogas, porque só vai piorar a confusão mental.
- Não se automedique nem tome remédios sem prescrição médica.

Por fim, a mensagem que quero passar neste momento é que você não deixe de dar atenção ao seu emocional, à sua saúde psicológica. Assim, você estará cuidando também da sua saúde física, dos seus relacionamentos, do seu trato com o dinheiro e da sua própria carreira.

Sua carreira é maior que seu emprego

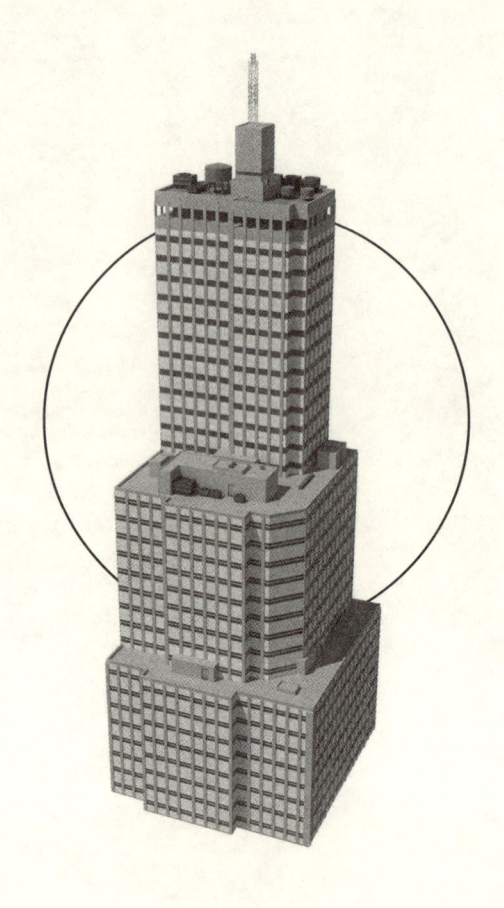

CAPÍTULO 4

Sua carreira é maior que seu emprego

Sua carreira é maior do que seu emprego e, sobretudo, você é maior do que a sua carreira. Já disse isso algumas páginas atrás, mas acho importante repetir e, mais que isso, dedicar um capítulo a falar sobre o assunto. Este é um livro que trata, justamente, de carreira, então pode ser que você ache estranho o que vou dizer aqui, mas há coisas mais importantes do que o trabalho e precisamos definir prioridades muito certeiras em nossas vidas.

Nenhum trabalho tem que ser um tormento na vida de ninguém. Leve isso como um mantra.

Como falamos há algumas páginas, um emprego não define uma carreira. Pessoas são demitidas, empresas podem falir, setores e cargos deixam de existir de uma hora para outra, funcionários são remanejados. Uma infinidade de outras coisas que não dependem de você podem acontecer e colocar o seu emprego em xeque. Nem todo mundo que perde o emprego é um profissional incompetente, ou um funcionário que fez algo de errado dentro da empresa. Longe disso! Tem muita gente altamente capaz e comprometida, mas que, por diversas situações adversas e completamente fora do círculo de controle de um ser humano, acabam desempregadas.

Para falar sobre a diferença entre emprego e carreira, acho importante darmos alguns passos atrás e entender a definição de duas palavras essenciais para essa conversa: circunstância e estrutura. Antes de seguir a leitura, pare por alguns minutos para pensar sobre o conceito por trás dessas palavras. Você sabe o que elas significam, qual o sentido delas?

Talvez as gerações mais jovens não tenham vivido muito esse hábito e as que estão por vir podem nem chegar a conhecer o que vou falar agora, mas, há poucos anos, quando a internet não era esse universo em que todos estamos inseridos e que tem um papel de extrema relevância em todas as relações sociais, a forma pela qual conhecíamos e tirávamos dúvidas sobre a escrita e o significado de qualquer palavra era por meio dos dicionários – livros gigantes recheados de termos que muitas vezes vamos morrer sem ouvir alguém falar. Para entender e contextualizar o texto com o significado das palavras "circunstância" e "estrutura", recorri à versão online do dicionário Michaelis, um dos mais tradicionais da língua portuguesa. A seguir, você verá as principais definições encontradas no dicionário sobre essas palavras; depois, vamos analisar alguns significados específicos.

Circunstância
Cir.cuns.tân.ci.a
Sf

[1] Situação, acidente ou conjunto de condições que acompanham um fato ou acontecimento e são intrínsecos a sua natureza; condição, conjunção, conjuntura: *As circunstâncias socioeconômicas dos países emergentes apresentaram resultados surpreendentes no ano passado.*

[2] Particularidade, acaso ou ocorrência que se liga a um fato ou a uma situação; detalhe, particularidade, pormenor: *A experiência anterior é circunstância fundamental para esse tipo de trabalho.*

³ Incidente visto como parte de uma narrativa ou de um curso de eventos.

⁴ Indício ou prova que contribui para o esclarecimento de um fato; indicação, prova, sinal: *A circunstância de estar armado complicou muito sua situação.*

⁵ Estado, condições ou fatores que configuram a situação de alguém ou de alguma coisa; âmbito, contexto, meio: *Querendo ou não, vivemos subordinados às nossas circunstâncias. Eu sou eu e minhas circunstâncias. As circunstâncias econômicas não permitem grandes voos ao país.*

⁶ Combinação de acontecimentos em dado momento; contingência, eventualidade: *Achou melhor não desafiar as circunstâncias presentes de sua vida.*

Estrutura

Es.tru.tu.ra

Sf

¹ Organização e disposição das partes ou dos elementos essenciais que formam um corpo.

² Arranjo de partículas ou componentes de uma substância ou corpo; textura.

³ Modo de construção de algo; formação.

⁴ CONSTR Esqueleto ou armação de uma edificação.

⁵ Parte de algo que determina sua disposição de espaço e lhe dá sustentação; armação.

⁶ LIT Organização das diversas partes que compõem qualquer obra literária.

⁷ Organização das partes de algo de caráter genérico.

⁸ Parte essencial de algo (ideia, pensamento, teoria etc.).

São muitos os significados que a palavra "circunstância" pode ter no meio de uma conversa, mas aqui vamos atentar a alguns pontos entre essas definições que são os mais importantes para o nosso contexto. "Conjunto de condições que acompanham um fato", "particularidade que se liga a uma situação", "detalhe", "fatores que configuram a condição de alguém ou alguma coisa", "situação específica", entre outras explicações nos ajudam a entender que uma circunstância é algo de natureza passageira, que se prende a algo por determinado período. Pode ser por dias ou anos, isso não importa, mas é uma particularidade, um fator externo que acompanha alguém por algum motivo.

Para "estrutura", o número de significados possíveis é ainda maior. Vamos nos apegar, porém, à quinta definição trazida pelo dicionário: "parte de algo que determina sua disposição de espaço e lhe dá sustentação; armação". Sustentação é o ponto-chave que quero trazer para a nossa leitura. Estrutura é algo que, independentemente do contexto e da aplicação da palavra, sustenta. Pode ser desde a estrutura do prédio em que você mora até a estrutura familiar que é essencial para a vida de qualquer pessoa. Estrutura é sustentação.

Depois de trazer esses dois conceitos, vamos nos voltar para o tema deste capítulo. Sua carreira deve ser muito maior do que seu emprego por um simples motivo: o emprego é algo circunstancial, enquanto a sua carreira é estrutural. O emprego é uma particularidade de cada momento da vida de cada pessoa, que pode se transformar a qualquer tempo. Já a carreira é uma estrutura, o que sustenta qualquer emprego. Por isso, o maior foco dos nossos investimentos – de tempo, energia, dinheiro e tudo mais que possa vir a ser necessário – deve ser a nossa carreira, e só depois o emprego.

Faça um exercício mental: imagine que você é a pessoa responsável por construir um prédio novo, um lugar que será destinado para toda a sua família e outras pessoas próximas e queridas morarem. Assim como qualquer ambiente, algumas coisas fazem parte do processo de construção, mas, aqui, de forma leiga, vamos dividir em duas etapas: a estrutural e a circunstancial. A estrutural é a etapa em que a base do prédio é construída, o essencial. Toda a estrutura física, paredes, andares, fiações, ligações elétricas e afins. A circunstancial é a etapa em que a estrutura será moldada. É aqui que entram pinturas, mobílias, pisos e revestimentos, decorações. Obviamente, ambas as etapas são importantes para que as pessoas possam ir morar nesse prédio. Afinal, ninguém vai morar em um lugar onde há paredes, ligações elétricas e todo o essencial, mas onde não há nenhuma cama, por exemplo. No entanto, sem a estrutura, nem ao menos é possível pensar na etapa circunstancial. Dessa forma, a pergunta do milhão é: em qual dessas etapas você investiria mais tempo, dinheiro, atenção e energia? Muito provavelmente a resposta é na etapa estrutural, certo? Até porque, se algo de errado acontece com essa etapa, tudo o que é circunstancial pode desmoronar, justamente porque não tem sustentação.

Essa ideia é válida, também, para a nossa vida profissional. Sem uma estrutura muito boa, bem firmada, as circunstâncias não se sustentam.

Mas a carreira é um prédio que está em eterna construção e, para isso, sempre precisamos reforçar a estrutura, trabalhar para que ela seja uma boa sustentação para tudo o que for circunstancial. Você pode trabalhar a sua vida na construção dessa estrutura de carreira mirando um emprego dos sonhos, mas ao chegar lá pode perceber que as coisas não eram como você imaginava, ou qualquer outra adversidade pode acontecer e mudar as circunstâncias da vida. Se você perde uma circunstância, ou seja, um emprego dos sonhos, é necessário que a carreira, a estrutura esteja firme para buscar outro lugar para "morar" profissionalmente. Afinal, os boletos sempre continuam chegando, não é mesmo?

Duas pessoas com qualificações semelhantes e que miravam o mesmo emprego dos sonhos conseguiram uma vaga. Entretanto, enquanto uma se acomodou na falsa ideia de ter alcançado o emprego dos sonhos e deixou de se especializar e se aprimorar pensando na carreira, fazendo apenas aquilo que era importante para se manter na empresa, a outra continuou o processo de aperfeiçoamento profissional, independentemente da empresa. Se essas duas pessoas perdem o emprego por qualquer que seja o motivo, é mais provável que quem consiga uma recolocação no mercado de trabalho de forma menos sofrida? A pessoa que parou no emprego dos sonhos ou a que continuou evoluindo suas habilidades e conhecimentos? Na maioria dos casos, a segunda opção é a correta.

E nem tudo diz respeito a dinheiro, nem tudo diz respeito a conseguir um emprego para pagar as contas. Tem muita gente que trabalha por anos, se dedica, consegue criar uma reserva financeira muito boa e passa a ter outras ideias na hora de encarar a vida profissional. Os altos salários passam a dividir espaço com a busca por propósito, não há o menor problema com isso. Mas, para essas pessoas, a mesma ideia é válida. Até para mudar de emprego em busca de um propósito maior é necessário que a carreira esteja muito bem-estruturada.

Com base nesse entendimento, as nossas prioridades profissionais passam por uma guinada. Quantas vezes você já não pensou em fazer um curso para que o seu trabalho naquela empresa fosse impactado, para chamar a atenção dos gestores mostrando que está se qualificando? E está certo, realmente devemos nos qualificar durante toda a vida profissional.

Em contrapartida, na hora de escolher o que você vai fazer para evoluir, os motivos não podem ser circunstanciais, mas estruturais. Tudo o que for feito para melhorar deve impactar toda a estrutura, e não apenas aquilo que é uma circunstância, porque empregos vêm e vão, mas a carreira é aquilo que fica com você para sempre. Sempre que você estiver pensando em uma qualificação profissional, em um tema para estudar, o correto a levar em conta é se aquilo vai te tornar um profissional mais completo, independentemente de onde você trabalha no momento. Se você acha que sim, jamais deixe de fazer um curso ou qualquer outra coisa por achar que aquilo não será relevante para a empresa em que você está no momento. Até porque a empresa tem o poder de desligar o funcionário conforme seus próprios interesses, sem importar o que você fez ou deixou de fazer por ela.

Ok. Com tudo isso em mente e entendendo que a sua carreira é maior do que o seu emprego, a pergunta que pode estar martelando na sua cabeça agora é: "E como eu faço para estruturar minha carreira?". Com esse questionamento, voltamos ao título deste livro: Sua carreira é maior que seu emprego – Construa uma história de sucesso no mercado financeiro.

O propósito é a base para a estruturação da vida profissional

O mentor de carreiras Davi Bastos foi o cara que me fez enxergar o TikTok com outros olhos. Eu tinha certa desconfiança em relação a produzir conteúdos mais corporativos para essa rede social. Mas, assim como o Instagram passou por um boom de criadores e criações por volta de 2014 e 2015, o TikTok também vem passando pela mesma fase. Principalmente durante a pandemia, quando todo mundo foi obrigado a ficar em casa para evitar o espalhamento do coronavírus, esse aplicativo chinês passou de uma rede social focada em vídeos engraçados e com dancinhas coreografadas de músicas chicletes para uma plataforma em que é possível encontrar todos os tipos de conteúdo, inclusive dicas de carreira com o Davi.

Eu recebi esse especialista em um episódio do meu podcast em maio de 2022, e lá falamos sobre algo que se encaixa completamente em tudo o que temos abordado até aqui sobre estruturação de carreira. Uma carreira bem-estruturada começa, acima de qualquer coisa, com um propósito, mesmo quando trabalhamos pensando mais na sobrevivência do que no impacto que estamos causando na sociedade.

Eu te explico! O Davi fala algo muito interessante sobre o mercado de trabalho: uma empresa é diferente da outra; cada uma tem a sua personalidade (ou cultura, como os profissionais de recursos humanos costumam chamar), mas ainda assim há padrões dentro do universo corporativo. Como existem esses padrões, há características em comum que são buscadas entre os profissionais, e foi com base nisso que o Davi pensou *o método dos 6 P's* – que são os seis pilares para se destacar no ambiente profissional. Eles são:

1. AUTOCONHECIMENTO

A ideia de buscar a resposta para uma das perguntas primordiais do ser humano, o "quem sou eu". Com autoconhecimento, o profissional se torna mestre de si mesmo e consegue entender seus principais pontos positivos e negativos, suas forças e fraquezas e tudo o que é essencial para a compreensão do seu próprio eu e do seu eu no trabalho.

2. LIDERANÇA SITUACIONAL

Conforme explicação da plataforma especializada em busca de vagas de emprego, Gupy, a "liderança situacional é um modelo de liderança que gira em torno da capacidade do líder de se adaptar a qualquer contexto e situação econômica enfrentada pelo segmento de atuação da sua empresa. Esses líderes são pessoas capazes de manter um time de alto desempenho, mesmo diante de crises."[17]

3. COMUNICAÇÃO CORPORATIVA

Como o próprio nome sugere, a comunicação corporativa aqui, num sentido de formar um profissional que se dê bem em qualquer empresa, é a capacidade de ter uma boa comunicação dentro da empresa, com os colegas, independentemente de serem chefes, subordinados ou do mesmo nível profissional.

---

17 https://www.gupy.io/blog/lideranca-situacional

4. BRANDING PESSOAL

O branding pessoal, termo que vem sendo muito comentado ultimamente, é a ideia de tratar a sua imagem dentro do ambiente profissional como uma marca. Você é uma marca! No capítulo 6 vamos falar apenas sobre esse tópico que é tão importante, sobretudo em tempos de internet, em que a comunicação chega de forma muito mais fácil, mas a ideia principal é pensar em si mesmo como uma marca. Você acha que o seu produto (você) está bem-posicionado no mercado atualmente, de forma a ganhar vantagem sobre os concorrentes? As pessoas sabem que podem contar com você e, mais que isso, sabem em quais assuntos e tarefas elas podem contar com você? Sabem no que você manda bem? Trabalhar o branding pessoal é fazer com que todas essas questões sejam olhadas e as pessoas te reconheçam de longe, como quando vemos um M amarelo e vermelho no meio da rua e sabemos exatamente qual é o restaurante que está próximo.

5. PLANEJAMENTO DE CARREIRA

Falamos bastante sobre isso nas páginas do livro até aqui, em especial dentro dente capítulo. Mas, uma vez mais, cabe reforçar a importância e o peso que o planejamento de carreira tem sobre a vida e o sucesso profissional de qualquer um. Para quem não sabe aonde quer chegar, qualquer caminho serve (Lewis Carroll). Se você sabe o que busca, saberá como voltar aos trilhos, mesmo quando algum imprevisto ou adversidade se colocar no caminho.

6. AUTOCONFIANÇA

Por fim, o último pilar é a autoconfiança. É necessário confiar em si mesmo e no próprio potencial, acreditar que é capaz e, com humildade, mostrar isso ao mundo. Se nem você confia em si mesmo, como outras pessoas conseguirão confiar?

Esses pilares, muito bem levantados pelo Davi, são a base para a boa estruturação desse prédio que é a vida profissional. No entanto, todos eles passam por um ponto em comum e, de certo modo, dependem dele: o propósito, aquela coisa de encontrar o seu "chamado" para, com o trabalho, deixar uma marca na sociedade – e aqui não estamos falando de fazer algo que vai mudar a forma como todas as pessoas enxergam o mundo ou a criação de algo revolucionário; pode ser o impacto deixado em uma comunidade ou na vida de algumas pessoas que passaram pelo seu caminho; são coisas simples e, muitas vezes, vistas como pequenas no dia a dia.

Quando começamos a engatinhar na nossa vida profissional e no decorrer de todos os passos que damos nela, inclusive os passos que damos com auxílio de bengala ou andador, estamos sempre tentando encontrar o nosso "lugar ao sol", no melhor sentido da expressão.

Queremos brilhar e, ainda mais importante, nos sentir encaixados, pertencentes a um lugar que é só nosso. A grande questão é, justamente, como encontrar e conquistar esse lugar ao sol. É uma pergunta difícil, claro, mas a primeira resposta que posso oferecer é que se encaixar não está relacionado, necessariamente, a um lugar específico, a uma empresa. Diz respeito a encontrar propósito.

O Davi conta que, quando ele trabalhava como analista, começou a acreditar que o seu grande propósito profissional era migrar para a área comercial, se tornar vendedor. Assim ele fez e, depois de algum tempo, conseguiu perceber que o seu propósito não tinha relação com uma área, uma função, uma empresa ou qualquer uma dessas coisas que podem ser limitantes. O propósito profissional dele era uma habilidade particular: a comunicação.

Para um mentor de carreiras, entender que seu propósito era se comunicar com as pessoas foi uma grande mudança de chave – talvez uma das mais importantes de toda a sua vida profissional. Isso aconteceu porque, ao entender que era a comunicação, ele compreendeu, também, que podia exercer esse propósito dentro de uma gama extremamente variada de funções e profissões. Como vendedor mesmo, por exemplo. Mas também como professor, como um motorista de aplicativo que conversa com as pessoas, como um mentor de carreiras, como um consultor e até com coisas que antes eram inimagináveis, como ter se tornado produtor de conteúdo no TikTok.

O Davi trouxe um ponto de vista para aquela nossa conversa do podcast com o qual eu concordo em número e grau, e quero enfatizá-la aqui. Um erro importante das pessoas é acreditar que o propósito está fora delas, quando na grande maioria das vezes ele tem a ver com as nossas próprias habilidades. É com as habilidades que conseguimos buscar coisas incríveis na vida profissional.

Vou usar aqui um exemplo externo ao mercado financeiro. Uma pessoa acredita que o propósito da vida dela é lutar por determinado grupo social que é oprimido. Essa é a causa na qual ela acredita e, por isso, molda toda a sua vida achando que a única forma de fazer tal coisa é estudando Direito e se tornando uma advogada especializada. É um objetivo muito nobre, sem dúvidas. Mas é sempre válido lembrar que a vida não acontece como planejamos, que a estabilidade não existe e que as coisas podem mudar de uma hora para outra. Se em vez de ter como propósito a causa essa pessoa entender que, na verdade, seu propósito é o poder da argumentação, uma habilidade, ela conseguirá aplicar essa ideia em diversas funções e, inclusive, terá condições de lutar por qual causa desejar. Com o poder de argumentação como propósito, além do Direito, há toda a área de Comunicação Social, Negócios, Políticas Públicas e uma série de outras coisas.

Isso é válido, também, para as habilidades que estão mais relacionadas ao mercado financeiro, e assim por diante. É um equívoco que pode custar caro achar que é necessário fazer uma revolução inteira na vida profissional em busca de um propósito, porque ele está dentro de você.

Enxergar a sua principal habilidade como o seu chamado no mundo profissional abre um leque de possibilidades porque permite olhar de maneira muito mais flexível para as oportunidades que surgirem. A busca por um propósito do lado de fora tende a criar muitos bloqueios. Criando essas pontes, novas oportunidades são geradas.

Não tem a ver com transformar todo o contexto ao seu redor para que ele caiba dentro do seu propósito profissional. Ao contrário. Tem a ver com exercer o seu propósito dentro do contexto em que se vive.

Ao encontrar um senso de propósito no que estamos fazendo, conseguimos nos sentir confortáveis estando em uma empresa, mas sabendo que não há necessidade de continuar lá para sempre se não for o mais interessante para nós, porque nossa estrutura está bem construída e não é qualquer vento que vai derrubá-la.

Ainda nesse sentido, é importante ressaltar que, sim, muita gente vive em uma realidade na qual o possível é construir uma relação de sobrevivência com o trabalho, uma relação que diz respeito a fazer algo para conseguir pagar as contas no fim do mês e atender às necessidades básicas da família. Mas algo que o Davi destaca, em de suas mentorias, é que, mesmo nesses contextos, existe a necessidade de atribuir algo mais profundo à vida profissional.

A ideia que tem que guiar pensamentos e estratégias é a de que, mesmo que o hoje não te permita realizar o seu propósito, é preciso haver um planejamento de carreira de médio e longo prazo. Você pode estar em uma situação de relação de sobrevivência com o trabalho hoje, mas tem que planejar o amanhã para não se tornar refém dessa realidade.

Para isso, o mais importante é cuidar da vida financeira. Se a grande questão que te impede de seguir seu propósito é a necessidade financeira, o primeiro passo é se organizar para montar uma reserva que dure um tempo médio de seis meses a um ano, para ter tranquilidade na hora de fazer a transição de carreira. O ideal, de acordo com o Davi, não é baixar o padrão de vida durante esse período de migração, até porque viver pior do que se vivia antes é a receita perfeita para que o profissional fique frustrado, desestimulado e desista no meio do caminho. Então a organização financeira é o primeiro passo e, depois disso, os estudos, o networking, as atualizações de currículo e tudo o que pede o figurino quando estamos em busca de novas oportunidades, sempre guiados pelo propósito.

Seja curioso sempre e sempre

Seguir seu chamado profissional é essencial, mas no processo de uma boa estruturação de carreira a curiosidade também tem papel importante. Para falar mais sobre o assunto, proponho antes uma leitura:

> Um senhor já nas vias de se aposentar trabalhava numa ferrovia, realizando a mesma tarefa por mais de 35 anos. Durante seu horário de trabalho, sempre após a passagem de um trem, ele precisava ir até o trilho e, com uma marreta, bater forte. Depois desses 35 anos marretando o trilho, o senhor tem uma nova e importante tarefa: treinar um jovem, que será a pessoa responsável por assumir essa mesma função.
>
> Logo no primeiro dia de treinamento, o senhor traz o jovem para o trilho após a passagem do trem e diz: "Veja, acabou de passar o trem, o trilho ainda está quente, agora precisamos bater forte com a marreta cinco vezes de cada lado". O jovem, com a curiosidade que é peculiar da idade, pergunta ao senhor: "Por que a gente tem de fazer isso?".
>
> "Vai com calma jovem", responde o senhor. "Eu estou fazendo isso há 35 anos e não sei. Você está chegando agora e já quer saber?"

Essa história do senhor trabalhador da ferrovia sempre me fascinou e me intrigou muito. Afinal de contas, como pode alguém trabalhar por anos, dedicar praticamente uma vida toda ao exercício de uma função sem nunca ter se questionado sobre a tarefa ou as tarefas que realiza? Pode ser que isso pareça absurdo para você também, mas a verdade é que essa não é uma realidade tão distante assim.

Principalmente entre as gerações mais antigas, muita gente trabalha quase que em um modo automático e passa anos e mais anos dentro de uma empresa sem nunca parar para se perguntar "O que é que eu estou fazendo?". É aquele papo sobre a busca pelo comodismo do qual já falamos por aqui. Não há nada de errado em buscar aquilo que é confortável para nossas vidas. Entretanto, deixar a carreira e, consequentemente, tudo na nossa vida que é influenciado pelo âmbito profissional sem nunca se questionar é bastante arriscado.

Por muito tempo (e isso ainda acontece hoje em dia) as pessoas pensavam que trabalhar em bancos é tirar a sorte grande. Bons salários, benefícios, horário comercial... enfim, uma série de fatores que são o verdadeiro sonho de consumo para muita gWente, sobretudo em um país como o Brasil, que enfrenta tantos problemas causados por desigualdades sociais e pobreza. Porém, o trabalho em banco é cada vez mais competitivo, assim como em todo o mercado financeiro, e, por mais que haja espaço para quem quer estar ali dentro, é preciso aprimoramento profissional contínuo.

Esse assunto, inclusive, me faz lembrar de uma antiga colega de trabalho. Ela exerceu por anos um cargo dentro de uma instituição financeira que exigia algumas habilidades para a execução de tarefas específicas. Porém, por algum motivo, uma dessas tarefas a minha colega nunca teve de tomar para si e, por isso, nunca soube realizá-la. Até que um dia as coisas mudaram: ela passaria a ser responsável por realizar isso em um novo cargo e comentou comigo que estava sofrendo para conseguir aprender. Lembro de esse fato ter me despertado muita curiosidade. Primeiro porque era algo que ela já deveria saber. Mas também e sobretudo porque, em anos, ela nunca teve o interesse de buscar o aprimoramento necessário para entender algo que faria muito bem para o trabalho dela no momento e para o próprio desenvolvimento profissional, o aperfeiçoamento da carreira.

Tudo isso refere-se a construir um esqueleto para o prédio da sua carreira, mas não a abandonar a estrutura. Muito pelo contrário. Essa estrutura precisa estar sempre vigiada, monitorada, para verificar se tudo anda bem e melhorar aquilo que for necessário.

Uma das formas mais eficientes de manter essa estrutura sob constante monitoramento e aperfeiçoamento é por meio da curiosidade. Seja curioso sempre, porque é a curiosidade que tem a força transformadora capaz de revigorar tudo ao seu redor, inclusive quando falamos sobre a vida profissional.

O cérebro humano é algo fascinante e que desperta o interesse de milhares de pesquisadores ao redor do mundo há séculos. Mais recentemente, um grupo de estudiosos da Universidade da Califórnia (UCLA), uma das principais instituições de ensino dos Estados Unidos e do mundo, desenvolveu um desses muitos estudos sobre o funcionamento do cérebro, mas focando as reações químicas despertadas pela curiosidade, e os resultados são bastante interessantes.

A base da pesquisa é simples. Os pesquisadores realizaram cerca de 100 perguntas triviais para um grupo de participantes, de forma a avaliar quais desses questionamentos despertavam interesse em cada indivíduo. As perguntas eram das mais variadas e iam desde o real significado da palavra "dinossauro" até quais músicas ficaram por mais tempo nas paradas de sucesso. Enquanto as perguntas eram feitas para os participantes, os estudiosos realizavam exames de imagem por ressonância magnética, a fim de visualizar o que acontecia no cérebro quando alguém se sentia curioso para saber a resposta de determinada pergunta.

O Sindicato dos Professores do Estado de Goiás utilizou esse estudo para entender o impacto da curiosidade nos processos de aprendizagem e destacou dois principais pontos entre os resultados aos quais as pesquisas chegaram: primeiramente, a curiosidade prepara o cérebro para a aprendizagem e, depois, a curiosidade torna a aprendizagem subsequente mais gratificante.

> Embora não seja uma grande surpresa saber que estamos mais propensos a lembrar o que aprendemos quando o assunto nos intriga, foi verificado que a curiosidade também nos ajuda a aprender informações que não consideramos tão interessantes ou importantes. Os pesquisadores descobriram que, uma vez que a curiosidade foi despertada por alguma pergunta, indivíduos tiveram mais facilidade para aprender e lembrar informações completamente independentes. Um dos coautores do estudo, Dr. Matthias Gruber, explica que isso acontece porque a curiosidade coloca o cérebro em um estado que lhe permite aprender e reter qualquer tipo de informação, que motiva o aprendizado.

Os pesquisadores descobriram que, quando a curiosidade dos participantes havia sido aguçada, não foi registrado somente aumento da atividade no hipocampo, que é a região do cérebro envolvida na criação de memórias, mas também no circuito do cérebro que está relacionado a recompensa e prazer. Este circuito é o mesmo que é estimulado quando conseguimos algo de que realmente gostamos, como doces ou dinheiro, e ele depende da dopamina, a substância química do 'sentir-se bem' que transmite a mensagem entre os neurônios e dá-nos uma espécie de euforia.

Outros estudos apontam também para diversos benefícios trazidos pela curiosidade. O Instituto Tellus, organização especializada em inovação social e design de serviços públicos, destaca que uma das principais vantagens geradas pela curiosidade é a diminuição de erros na hora da tomada de uma decisão. "Quando nossa curiosidade é ativada, somos menos propensos ao viés de confirmação (procurando informações que apoiem nossas crenças, em vez de evidências sugerindo que estamos errados) e a estereotipar pessoas. A curiosidade tem efeitos positivos porque nos leva a gerar alternativas."

Tal habilidade tende a ser bastante proveitosa para os locais de trabalho, uma vez que buscar alternativas para a solução de problemas é uma atividade intrínseca a praticamente todas as atividades profissionais. Ou você nunca ouviu ninguém dizer que precisava resolver um problema do trabalho? A curiosidade nos leva a olhar com outros olhos para as adversidades, para as situações mais difíceis, encarando-as com uma perspectiva mais criativa, que busca mais resolver o problema do que focar reclamar sobre ele.

Embora ser curioso e questionar processos seja sempre importante para aprimorar o nosso lado profissional, é fundamental entender o momento que você está vivendo dentro da empresa. Tudo tem a hora certa para acontecer. Esteja preparado para questionar e sugerir mudanças, mas não chegue com o pé na porta.

Agora que já falamos sobre o fato de a estabilidade não existir, mas de ser possível lidar com as adversidades com aquilo que temos como base, e que já abordamos o método DRE e construímos todo esse entendimento sobre a prevalência da carreira sobre o emprego, além de explicar como o propósito e a curiosidade são os primeiros pilares para a construção de uma boa estrutura para esse prédio que é a vida profissional, o próximo passo na nossa trajetória é falar sobre outros pontos aos quais temos que atentar para construir uma história de sucesso no mercado financeiro. Vem comigo!

CAPÍTULO 5

O peso das habilidades essenciais

Começamos este livro falando sobre cargos e certificações disponíveis no mercado, mas, além das habilidades técnicas que são importantes para o mercado financeiro, também precisamos entender o peso das habilidades essenciais. Aquilo que é técnico pode ser facilmente trabalhado, estudado, adquirido. Com cursos, uma pessoa consegue melhorar suas habilidades em matemática financeira, por exemplo.

Mas há características pessoais que hoje em dia são amplamente buscadas pelo mercado de trabalho. Características que fazem do profissional uma pessoa mais fácil de lidar no dia a dia, ou que revelam que ele tem uma capacidade de liderança que pode ser importante para aquela empresa.

Convencionou-se dizer no mercado de trabalho que, para ter sucesso, é necessário o desenvolvimento das *soft skills* – o que traduzido significa "habilidades interpessoais". Segundo essa convenção, esse termo nada mais é do que algo como uma habilidade não técnica que precisa ser desenvolvida ao longo da sua carreira.

A diretora de Customer Success da Gupy, Dedila Costa, escreveu um artigo para essa plataforma, amplamente conhecida como um dos principais sites de emprego do Brasil, falando sobre o que são essas *soft skills* e qual sua importância no mercado de trabalho. Vale ressaltar que, além das *soft skills*, há também as *hard skills*, que são as habilidades técnicas de um profissional.

Hard skills são habilidades técnicas e, de modo geral, são facilmente mensuráveis e possíveis de desenvolver por meio de treinamentos e cursos, por exemplo. Durante muito tempo, essa competência foi a principal e mais relevante profissionalmente, mas esse cenário tem se transformado e atualmente as *soft skills* aparecem com muito mais relevância e destaque. Já as *soft skills* se referem a habilidades comportamentais relacionadas à maneira como uma pessoa lida com o outro, ou seja, como funciona a interação dela em grupos e, ao mesmo tempo, como ela lida com suas próprias emoções. Quanto mais positivamente o profissional consegue lidar com essas situações ambientais e psicológicas, maiores são suas *soft skills*.

Outro site de empregos, o CareerBuilder, fez um levantamento com diversas empresas, que mostrou que 77% delas acreditam que as habilidades interpessoais, as *soft skills*, são tão importantes quanto as técnicas no ambiente de trabalho.

Segundo a pesquisa, estas são as 10 *soft skills* mais desejadas pelos recrutadores em um candidato:

1. Princípios éticos
2. Confiança
3. Atitude positiva
4. Motivação
5. Trabalho em equipe
6. Organização e gestão do tempo
7. Capacidade de trabalhar sob pressão
8. Comunicação
9. Flexibilidade
10. Segurança

Agora que você já sabe o que são as *soft skills*, pode estar se perguntando por que elas são consideradas tão importantes no mercado de trabalho, certo? Para falar sobre isso, peço sua licença para dedicar um espaço a uma história antiga e bastante popular entre as crianças que vai me ajudar a explicar uma coisa importante.

A LIÇÃO DO RATO

Um rato morava dentro das paredes de uma famosa fazenda. Certo dia, olhando pelo buraco de uma das paredes, viu o fazendeiro e sua esposa abrindo um pacote e logo pensou no tipo de comida que haveria ali.

Ao descobrir que era uma ratoeira, ficou aterrorizado. Correu ao pátio da fazenda, onde estava a galinha: "Há ratoeira na casa, ratoeira na casa!".

A galinha, despreocupada, respondeu:

— Desculpe-me, Sr. Rato, eu entendo que isso seja um grande problema para o senhor, mas a ratoeira não me prejudica em nada, e também não me incomoda.

O rato foi até o porco com o mesmo ar de preocupação: "Há ratoeira na casa!".

O porco, assim como a galinha, também respondeu despreocupado:

— Desculpe-me Sr. Rato, mas não há nada que eu possa fazer, a não ser orar. Fique tranquilo, que o Sr. será lembrado nas minhas orações.

O rato dirigiu-se à vaca, na esperança de que ela pudesse ajudá-lo: "Há ratoeira na casa!".

A vaca respondeu com certo desprezo:

— O quê? Uma ratoeira? Por acaso estou em perigo? Acho que não!

Então, o rato voltou para casa abatido, tendo a certeza de que deveria encarar a ratoeira sozinho.

Naquela noite ouviu-se um barulho, como o da ratoeira pegando sua vítima. A mulher do fazendeiro correu para ver o que havia pegado. Contudo, no escuro ela não percebeu que a ratoeira pegou a cauda de uma cobra venenosa. E a cobra picou a mulher; com o susto da picada, a mulher caiu e fraturou a perna.

O fazendeiro a levou imediatamente ao hospital. Foi medicada e voltou para casa. Como ainda estava fraca, e a perna doía muito, o fazendeiro resolveu fazer uma canja de galinha para a esposa. E lá se foi a galinha.

Como a mulher demorava para se recuperar, pois a fratura foi séria, os amigos e vizinhos vieram visitá-la – já que a mulher era muito querida. Para alimentar as visitas, o fazendeiro matou o porco.

Finalmente a mulher ficou recuperada. O fazendeiro, feliz pela recuperação da esposa, decidiu dar uma festa para comemorar com os amigos e vizinhos. Era uma festa grande... para muitas pessoas... e o fazendeiro achou melhor fazer um churrasco. E lá se foi a vaca.

Moral da história: na próxima vez que você ouvir dizer que alguém está diante de um problema e acreditar que o problema não lhe diz respeito, lembre-se de que, quando há uma ratoeira na casa, toda fazenda corre risco.

Os seres humanos — no caso da história, ilustrados por animais — sempre estão diante de problemas e situações adversas, principalmente no ambiente de trabalho. A forma como reagimos a tais adversidades, sejam nossas ou de outras pessoas, diz como os outros nos enxergam e pode ser determinante no futuro profissional.

No caso da história do rato, podemos notar que naquele ambiente da casa havia um problema a ser resolvido: a ratoeira. O rato, assim que se sentiu em perigo, alertou a todos e tentou resolver o problema em conjunto, mas foi ignorado pelos outros, que, focados apenas em seus próprios mundos, não enxergaram como a ratoeira poderia implicar situações maiores que iriam para além dos impactos na vida do rato.

"Esse não é meu problema, então não tenho por que resolver." Uma atitude que mostra uma falta absurda de trabalho em equipe – curiosamente, uma das *soft skills* mais procuradas pelos recrutadores. E, no final das contas, o problema continuou lá e acabou impactando a vida de todo mundo, literalmente.

No mundo real, em um ambiente profissional, não é tão difícil assim enxergar uma situação parecida, guardadas as devidas proporções.

Habilidades pessoais são importantes no ambiente profissional porque, querendo ou não, ainda que estejamos falando sobre trabalho, no dia a dia temos que lidar com pessoas, cada uma com seus problemas, questões, dificuldades, qualidades, e assim por diante.

Desenvolver a habilidade de lidar bem com outras pessoas, mesmo nas situações adversas, é algo que vem sendo cada vez mais valorizado pelas empresas, uma vez que o trabalho técnico, com o avanço das tecnologias, pode ser substituído em grande parte por máquinas e computadores. O que nos diferencia são justamente as nossas habilidades pessoais.

A PARÁBOLA DA PEDRA

Em um tempo muito distante, na China, havia uma aldeia cercada de montanhas, onde havia a tradição de apresentar aos discípulos, no justo momento, sua atividade de responsabilidade na aldeia. A partir daquele momento, o discípulo se tornava responsável perante a comunidade ao realizar sua atividade.

Um dia o mestre convidou seu discípulo para assumir sua função intransferível na aldeia, o que o fez sentir-se muito honrado. Caminharam até a base de uma das montanhas que rodeavam a aldeia. O mestre disse:

— Está vendo esta pedra? Sua função será levá-la até o alto desta montanha e não deixá-la passar para o lado de lá. Portanto, há um ponto exato que deve encontrar para sua tarefa.

Dito isso, o mestre deixou o discípulo com sua função. Não foi fácil conduzir a pedra até o ponto exato! Era muito pesada e a cada trecho do percurso o discípulo precisava alternar manejos e estratégias para avançar e descansar quando necessário. Até o final daquele dia, conseguiu concluir sua tarefa! E a pedra passou a noite em seu lugar exato.

Satisfeito, o discípulo voltou para sua casa na aldeia e descansou.

No dia seguinte, o discípulo foi contemplar sua obra do dia anterior, mas — para seu espanto — a pedra havia rolado durante a noite e estava exatamente no local onde começara sua tarefa. Novamente conduziu-a ao ponto exato. Naquela noite, novamente ela rolou para o ponto de partida.

E assim passou-se o próximo ano: todos os dias o discípulo conduzia a pedra ao ponto exato na montanha. Todas as noites a pedra rolava até o ponto de partida.

Certo dia, quando o discípulo já iniciava seu trabalho de conduzir a pedra ao ponto exato, um conhecido da aldeia que passava a caminho de seus próprios afazeres parou e perguntou:

— Por que você faz esse trabalho de idiota?

O discípulo se assustou e perguntou:

— Como assim?

O conhecido respondeu:

— Há um ano passo aqui todos os dias e vejo você levando esta pedra. Quando volto no final da tarde, encontro-me com você retornando desta função para recomeçar no dia seguinte. Não vê que não está adiantando? Percebe que não muda nada? É um trabalho de idiota!

O discípulo ficou espantado com a observação! Decidiu procurar o mestre.

Chegando à sua morada, foi recebido com um largo sorriso:

— Olá! O que o traz aqui?

O discípulo respondeu:

— Mestre, tenho uma pergunta! Por que há um ano deu-me um trabalho idiota para realizar?

Espantado, o mestre perguntou o que queria dizer com aquilo. O discípulo explicou:

— Mestre, há um ano eu conduzo todos os dias a pedra ao local exato, do modo que me explicou. Todas as noites a pedra rola para o ponto de partida. Então, é um trabalho de idiota! NÃO ESTÁ MUDANDO NADA.

Então o mestre compreendeu de que se tratava e abriu seu largo sorriso novamente. E, sem dizer palavra alguma, apenas conduziu o discípulo até a frente de um espelho. Agora, foi a vez de o discípulo se espantar! Mirando sua imagem, deu-se conta de que, no decorrer daquele ano, havia desenvolvido seu físico e tornara-se um homem de traços de guerreiro.

O mestre, então, abrindo ainda mais o seu sorriso, de um modo como apenas os grandes mestres são capazes, disse:

— E quem lhe disse que o trabalho era para a pedra?

O exemplo de quem faz o bem

Ana Leoni, especialista em mercado financeiro de quem falamos alguns capítulos atrás, também participou de um papo muito legal comigo em uma live no meu Instagram, e eu gostaria de destacar algumas das coisas que ela falou sobre sua carreira e que se encaixam perfeitamente em tudo o que temos dito aqui.

Ela conta que, para estar numa boa posição no mercado financeiro, "tudo lhe faltava". Explico: ela não estudou nada na área de finanças, sua formação é em Comunicação Social, concluída em uma faculdade considerada de "segunda linha"; além disso, ela não tinha muitos outros conhecimentos técnicos. Foi também demitida três vezes e fracassou em alguns momentos para chegar ao patamar em que está hoje, reconhecida como uma importante figura do mercado financeiro.

Por esse motivo, ela passou a ir atrás de tudo o que lhe faltava. Estudou todas as áreas, buscou aperfeiçoamento, e até inglês ela estudou para entender melhor os termos tão utilizados dentro do mercado. Mas o mercado financeiro é extremamente regulado, então exige profissionais muito qualificados quando falamos das habilidades técnicas. São elas que oferecem um diferencial em um mercado no qual saber o mínimo já é muita coisa.

Nesse sentido, Ana destaca também o autoconhecimento como o grande primeiro passo responsável por todo o resto. É necessário se conhecer para saber qual é o seu diferencial, a habilidade pessoal que vai te destacar em relação a um concorrente na hora de conseguir uma vaga ou uma promoção dentro da empresa. Saber no que você manda bem e investir nisso é o que vai te levar longe. Nas próximas páginas, para te ajudar com essa missão do autoconhecimento, vamos falar sobre as habilidades pessoais mais buscadas no mercado financeiro.

Habilidades pessoais no mercado financeiro

O mercado financeiro não é nada diferente do restante, e nele também são necessárias diversas habilidades interpessoais.

Segundo o BTG Pactual, uma das mais importantes instituições financeiras do país na atualidade, as principais *soft skills* para alguém que quer trabalhar no mercado financeiro são:

- **Relacionamento interpessoal** – a capacidade de se relacionar bem

com outras pessoas de diferentes frentes (sejam colegas de trabalho ou clientes, por exemplo).
- **Comunicação** – para ter um bom relacionamento interpessoal, uma boa comunicação com o público é primordial.
- **Trabalho em equipe** – olha a lição do rato que te contei aparecendo também no mercado financeiro.
- **Flexibilidade** – ser flexível é importante para qualquer profissional, mas sobretudo em áreas que passam por tantas dinâmicas de transformação, como o mercado financeiro.
- **Pensamento lateral** – a capacidade de pensar em soluções criativas para os problemas.
- **Resiliência** – a habilidade de se recuperar e seguir em frente depois de uma situação difícil.
- **Inteligência emocional** – saber gerenciar seus sentimentos e emoções a fim de ter de controlar seus sentimentos, independentemente da situação.
- **Tomada de decisão** – a capacidade de evitar as impulsividades e ser mais racional nos momentos de tomar decisões importantes.

Todas essas características são de fato de extrema relevância, mas quero destacar aqui algumas habilidades que, no meu ponto de vista e com base na minha experiência dentro do mercado financeiro, são as mais importantes.

APRENDA A OUVIR AS PESSOAS

Ouvir o que o outro tem a nos dizer é sempre muito importante. É assim que desenvolvemos empatia, que ampliamos nossa visão de mundo e que podemos nos colocar de forma a solucionar possíveis problemas.

No ambiente profissional, ouvir as pessoas auxilia no desenvolvimento de projetos, na implementação de novas ideias e processos, e também na promoção de um local de trabalho que lida bem com os erros e problemas, criando a possibilidade de resolver tudo o que possa acontecer, de forma a melhorar os sistemas, e não punir e ser agressivo com o outro.

Além disso, no caso específico do mercado financeiro, ouvir as pessoas é extremamente importante porque boa parte do trabalho envolve o relacionamento com o cliente. O sucesso no mercado financeiro está muito relacionado ao cliente. As instituições e os profissionais precisam dos clientes para funcionar, e o que vai fazer com que alguém opte por ser e continuar cliente de alguém ou de alguma marca é, em grande medida, o atendimento que essa pessoa recebe.

SEMPRE DÊ CRÉDITOS

Você já deve ter ouvido a expressão "nada se cria, tudo se copia". É uma das expressões populares mais conhecidas no Brasil e, de fato, existe muita coisa copiada por aí, mas isso não quer dizer que é certo se apropriar do que foi pensado por outra pessoa.

Não há nada de errado em se inspirar em outros trabalhos, por exemplo, desde que os devidos créditos sejam dados. Isso é algo cada vez mais cobrado em um mundo tão amplamente conectado.

As gerações mais novas começam a mostrar uma postura bastante exigente em relação a isso. No TikTok, por exemplo, aquele aplicativo que viralizou com as dancinhas, é muito comum ver influenciadores sendo cobrados pelo público quando postam algum conteúdo que foi inspirado em algo produzido por outra pessoa, mas não deram os créditos.

E dar os créditos dentro do mercado financeiro também faz toda a diferença. Se alguém te ajudou com alguma coisa, reconheça isso para os outros. Se a ideia para solucionar um problema que você estava encarando partiu de uma conversa com alguém, fale sobre isso. Dar os créditos é uma via de mão dupla e, além de ser a atitude correta, também pode trazer benefícios.

GESTÃO EMOCIONAL

No artigo do BTG Pactual sobre as *soft skills* para o mercado financeiro, o autor fala bastante sobre inteligência emocional, que é essa habilidade de controlar as emoções e saber expressá-las de forma adequada.

Um profissional reativo, por exemplo, costuma ter uma inteligência emocional menor que aquele capaz de racionalizar e ser objetivo. Para o mercado financeiro, saber controlar as emoções faz a diferença para tomar decisões melhores. [...] a característica auxilia, portanto, na resolução de conflitos e na melhoria do relacionamento com clientes. Assim, é possível assumir uma postura equilibrada, focada no que é mais adequado para o cliente no presente e em longo prazo.

Além disso, a gestão emocional também é importante para lidar consigo mesmo. Somos uma panela de pressão. Se ela é manuseada da forma correta, pode entregar refeições deliciosas e na medida. Se o trabalho não é feito corretamente, no entanto, a panela pode até explodir. A gestão emocional é importante para lidar com as adversidades que chegam ao ambiente profissional.

Como andam suas habilidades pessoais?

Este é um livro que tem por objetivo ser prático e aplicável no seu dia a dia, então eu gostaria de propor um exercício a fim de sairmos do campo abstrato das *soft skills* para o entendimento real daquilo que você tem de melhor e de quais habilidades pessoais precisam ser trabalhadas.

Primeiramente, gostaria que você parasse por um minuto, respirasse fundo e, nas linhas abaixo, escrevesse as primeiras palavras que vierem à sua cabeça mediante a pergunta que vou fazer. Não importa a ordem, não precisa ter lógica, a ideia é fazer um mapeamento.

Quais são as suas principais habilidades interpessoais?

Depois desse mapeamento, vamos focar aquelas habilidades pessoais mais importantes para o mercado financeiro. No quadro a seguir, preencha com sua percepção sobre a presença dessas *soft skills* na sua vida e na sua carreira. Aquilo que estiver bom, mantenha. O que você precisa desenvolver ou melhorar, trabalhe com isso, percebendo suas atitudes, lendo sobre o tema, pedindo ajuda a outras pessoas e fazendo o que achar necessário para esse aprimoramento.

HABILIDADE PESSOAL	sou bom com isso	preciso aprimorar	preciso desenvolver
Tenho um bom relacionamento interpessoal	○	○	○
Comunico-me bem com as pessoas	○	○	○
Trabalho bem em equipe	○	○	○
Sou flexível	○	○	○
Sou bom com pensamento lateral	○	○	○
Sou resiliente	○	○	○
Faço uma boa gestão das minhas emoções	○	○	○
Sou bom em tomar decisões	○	○	○
Sou bom em ouvir as pessoas	○	○	○
Sempre dou os créditos às pessoas	○	○	○

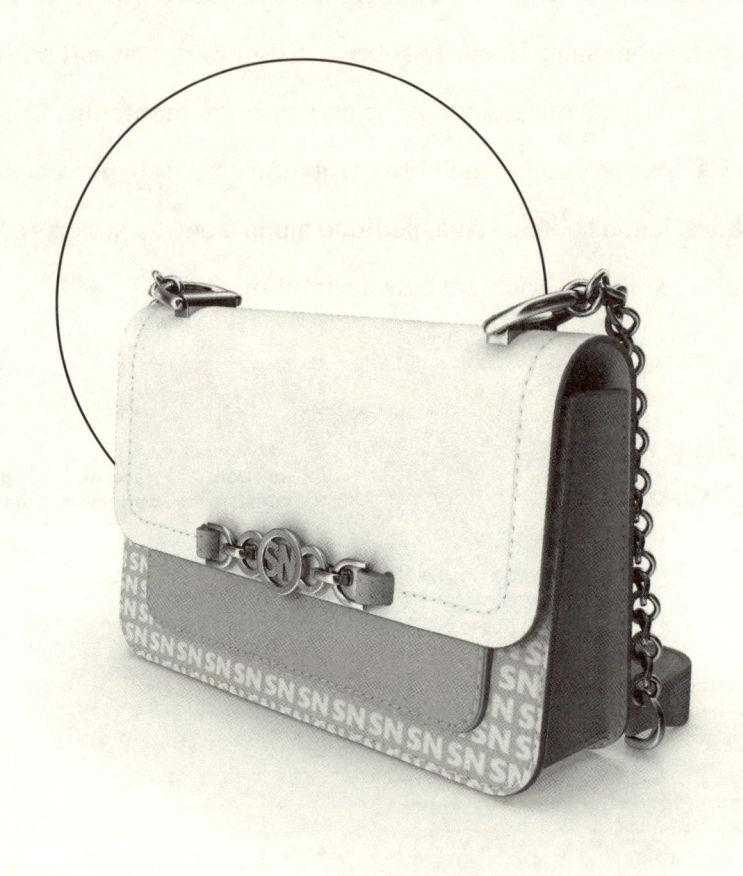

CAPÍTULO 6

Você é uma marca

Falar sobre marca pessoal é um grande desafio em um mundo de influenciadores. De acordo com pesquisa realizada pela Nielsen,[18] o Brasil é um dos países com maior número de influenciadores: cerca de 500 mil com pelo menos 10 mil seguidores nas redes sociais. Esse número supera o total de engenheiros civis (455 mil), dentistas (374 mil) e arquitetos (212 mil). O número só não é maior que o total de médicos, de 502 mil pessoas, mas pode ultrapassá-lo muito rapidamente.

Com tanta gente assim tomando conta das mídias sociais, pensar no tema marca pessoal pode passar uma primeira impressão errada de que se enxergar como uma marca significa, necessariamente, que você passará a atuar como um influenciador digital.

Se enxergar como uma marca e estar preocupado com sua marca pessoal não tem nada a ver com isso, até porque existe muito influenciador que comete uma série de deslizes no quesito de cuidar da própria imagem.

A sua marca diz respeito a como as pessoas ao seu redor te enxergam.

Para entender melhor esse conceito, vamos a um exercício de imaginação que se encaixa muito bem em uma série de situações no dia a dia de qualquer empresa.

Há alguns bons anos, o melhor chefe que eu tive na minha vida me

---

18 Confira mais em: https://veja.abril.com.br/comportamento/pesquisa-revela-que-o-brasil-e-o-pais-dos-influenciadores-digitais/

corrigiu na frente dos meus colegas com um ensinamento que me marcou para o resto da minha vida. Estávamos em uma conversa com algumas pessoas por perto quando eu, todo empolgado, soltei uma frase que é muito comum de ser ouvida por aí: "Quem não é visto não é lembrado".

Logo em seguida, esse chefe veio me corrigir e disse: "Mais importante do que ser visto é cuidar de como você é visto".

Depois de afirmar essa frase, ele me questionou sobre duas pessoas que trabalhavam com a gente. "Se você tivesse um projeto importante para fazer e precisasse de um time competente, você chamaria 'fulano' ou 'beltrano'?"

Imediatamente eu respondi que escolheria o beltrano e entendi a lição que meu chefe queria me passar.

O fulano era uma pessoa muito querida, todos na empresa gostavam muito dele. Ele era o primeiro a organizar todas as festas, o primeiro a chegar às confraternizações e o último a sair. Ele realmente era muito querido por todos. Em contrapartida, era aquela pessoa que sempre chegava atrasada, costumava descumprir acordos de prazo e, apesar de muito carismático, não tinha limites quando o assunto era bebida alcoólica.

Beltrano, no entanto, era um sujeito tímido e de poucas palavras. Ele não estava em todas as festas e, quando comparecia, quase passava despercebido. Beltrano, apesar de tímido, era muito organizado, chegava sempre no horário, era muito prático e, antes de todos estarem prontos para ir embora, beltrano já tinha feito todo o seu trabalho e ajudado outros colegas.

Quando precisei, de fato, escolher alguém para me ajudar em um projeto importante, optei pelo beltrano. E quer saber? Beltrano segue comigo na minha empresa até hoje, exerce um cargo de alta gerência e, possivelmente, é o que podemos chamar de um profissional bem-sucedido.

Agora pense você nos seus colegas de trabalho, naqueles que você chamaria para encabeçar projetos importantes. Em quem você confia? Quais as características dessa pessoa? Qual a primeira imagem que vem à sua mente quando pensa nela? É uma imagem positiva ou negativa? Qual é a marca pessoal dela?

Você é uma marca. Seus colegas são marcas. Todos nós somos.

A maneira como você se relaciona, organiza seu trabalho, chega ao trabalho todos os dias, se veste, se mostra nas redes sociais... tudo isso é observado por quem está ao seu redor, e são essas as características que serão associadas a você. Estar atento a esses pontos é importante porque é o que vai formar a sua marca pessoal.

Devemos estar atentos a como nos colocamos no mundo. Você já ouviu aquele discurso de que "nas redes sociais você pode postar o que quiser porque a empresa não tem nada a ver com sua vida pessoal"? De fato, a empresa não tem nada a ver com a vida pessoal de ninguém, mas, em um mundo de conexões, as formas como as pessoas te enxergam fora do trabalho também influenciam a visão que elas têm sobre o seu eu profissional.

Postar fotos e vídeos mostrando que durante a noite você ficou embriagado e amanheceu de ressaca, por exemplo, marca o modo como te veem.

O mesmo é válido sobre posicionamentos políticos na rede. Um único conteúdo que você posta dizendo algo contra ou a favor de determinado candidato a algum cargo político já é o suficiente para que atrelem a sua imagem a essa pessoa; já é o suficiente para que te enxerguem como um eleitor potencial daquele político que compartilha das mesmas ideias e ideologias dele ou do partido.

Aqui não estou te dizendo o que você deve ou não fazer. Na verdade, não existe uma receita correta. Tudo vai depender de qual é seu trabalho, sua profissão; depende da forma como você quer ser visto no mundo e de uma infinidade de outros pontos relevantes na hora de decidir o que postar. A própria pauta política pode servir como um bom exemplo. A depender de qual é o seu emprego, faz total sentido compartilhar sua visão política. Em outros, no entanto, você poderia acabar se prejudicando.

Aqui, a única regra é o bom senso para entender o que é mais adequado para cada situação e ambiente da sua vida e da sua rotina. Já que você, assim como eu e milhões de outras pessoas, resolveu compartilhar a sua vida nas redes sociais, seja cauteloso com o seu comportamento e com o que tem a dizer.

Sejamos sinceros: se eu, que estou aqui tentando te vender uma forma de pensar sobre a sua carreira, aparecesse nos stories do seu Instagram embriagado ou adotando posturas e posicionamentos preconceituosos, com falas racistas ou machistas, tenho certeza de que você nem continuaria com a leitura.

As nossas ações precisam ser condizentes com aquilo que queremos vender enquanto marca pessoal. Uma pessoa que faz isso muito bem é Oprah Winfrey.

Jac Lopes, uma mentora de marketing digital focada no atendimento de mulheres com mais de 50 anos, escreveu uma análise interessante para seu blog. Ela discursou sobre a trajetória e a marca pessoal dessa apresentadora que é uma das únicas pessoas no mundo a ser amplamente conhecida apenas pelo seu primeiro nome. Com base no trecho dessa análise elaborada por Jac que vamos ler a seguir, te convido a refletir sobre outras pessoas, famosas ou apenas conhecidas do seu dia a dia, pensando em quem são aquelas em quem você consegue enxergar os traços da marca pessoal.

> Oprah teve uma infância pobre e foi criada por sua avó, que tinha poucos recursos financeiros. Por causa disso foi morar com sua mãe, que trabalhava como empregada doméstica, isso quando tinha 9 anos. Foi nessa época que ela começou a ser abusada por familiares, o que durou 4 anos até que fugisse de casa.

Nesse momento, foi morar com o pai e começou a ser incentivada a estudar; foi então que sua vida passou a mudar. Trabalhava em um sacolão quando aos 17 anos ganhou um concurso de beleza e foi trabalhar em uma rádio. Desde então, não parou de crescer na mídia, sendo âncora de jornal até se tornar a apresentadora que ficou famosa mundialmente.

Ela conseguiu tudo isso devido à sua dedicação, ao seu carisma, à sua simpatia e à sua atenção ao ouvir o público. Foi bastante criticada no início do *talk show*, o *The Oprah Winfrey Show*, mas a audiência já deixava claro que ela seria um sucesso.

Depois de anos entrevistando celebridades e pessoas importantes, conseguiu mudar o jeito americano de ser e alguns conceitos. Foi a primeira mulher negra a se tornar uma bilionária, uma promotora de livros dos EUA; se envolveu em diversas causas humanitárias e foi considerada uma das mulheres mais generosas dos Estados Unidos.

Todas essas atitudes representam quem Oprah Winfrey é de verdade e isso ajudou a promover o seu marketing pessoal. Essas atitudes tornam a sua marca pessoal muito mais consistente, pois ela age de acordo com as causas que defende e nas quais acredita.

Aproveitando o exemplo da Oprah, gostaria de fazer uma outra reflexão. Ela já trabalhou em diversos locais desempenhando diferentes papéis, mas, mesmo assim, as pessoas a conhecem pelo nome. Isso mostra **o poder da criação de uma marca pessoal, uma marca que é sua, te pertence, não a marca da empresa.**

A marca da empresa é emprestada.

Na nossa busca pelo conforto que o comodismo tende a trazer, podemos acabar nos esquecendo disso, de que a marca que carregamos no crachá ou na camiseta da firma é emprestada. Eu mesmo trabalhei em uma das maiores instituições financeiras do Brasil e do mundo, consegui muita coisa por causa disso, e muitas portas se abrem quando você tem um nome tão grande por trás. Mas basta uma demissão para que os mesmos lugares que você frequentava antes deixem de te convidar para participar da conversa.

Seja conhecido pelo seu nome, não pela empresa em que você trabalha.

E, para ter essa marca pessoal forte, não é regra estar nas redes sociais e produzir conteúdo. Tem gente que simplesmente não quer fazer nada disso e está tudo mais do que bem. Reputação é diferente de fama. É possível que as pessoas da sua área profissional conheçam o seu nome sem que você crie conteúdos para as redes sociais. Vale a pena lembrar, inclusive, que não há muito tempo as redes sociais sequer existiam e as pessoas utilizavam outras formas para serem reconhecidas profissionalmente.

Networking é a palavra-chave, além de fazer um bom trabalho, é claro. Converse com pessoas de todas as áreas, marque cafés para trocar uma ideia, fale com pessoas de outras empresas, mostre que você está ali, mostre o seu trabalho, sempre lembrando do que falamos sobre a forma como você se apresenta, até porque o que queremos aqui é que você seja um profissional lembrado positivamente, não o contrário.

Quando eu fui demitido do Itaú, vivi um período prestando consultoria para clientes que havia conhecido na época em que ainda estava na empresa. Tudo isso apesar dos perrengues que enfrentei quando resolvi empreender. Eu fazia o meu trabalho bem-feito, ouvia as dores dos clientes sempre apresentando as melhores soluções possíveis e me mostrava presente na vida deles. Por isso, quando saí do banco, ainda consegui espaço profissional junto a essas pessoas, porque havia construído uma boa marca pessoal.

Estar atento à sua própria marca é essencial, porque esperar que a empresa te reconheça pode ser uma tarefa frustrante. Imagine que uma instituição tem cerca de 700 funcionários. Isso significa que ali existem 700 planos de carreira, 700 pessoas tentando crescer e mostrando o que têm a oferecer para a companhia. Com tanta gente assim, a empresa não estará focada no seu plano de carreira, especificamente. Quem tem de fazer isso é você, mostrando o motivo de merecer um lugar ao sol. Para isso, todas as dicas que vimos até aqui são muito válidas e importantes.

Ainda assim, pode ser que a empresa não te reconheça. Pode ser que cruze pelo seu caminho um gestor que não consegue enxergar talentos ou líderes que tentam sabotar o desenvolvimento por ciúmes. É triste, mas acontece. **Mesmo assim, insista no seu desenvolvimento pessoal, insista na boa estruturação da sua carreira, insista em cursos e outras formas de se aperfeiçoar, insista em trabalhar as suas habilidades interpessoais. Com tudo isso caminhando, a sua marca pessoal se constrói e se fortalece – e aí, se a empresa não te reconhecer, o mercado o fará.** Algum colega vai lembrar de você, algum gestor de outra empresa vai enxergar o seu trabalho, os convites começam a aparecer, principalmente porque o mercado financeiro ainda é um mercado com um número não tão grande de pessoas, o que facilita o processo de passar nossos nomes adiante, para sermos conhecidos e reconhecidos pelo nosso trabalho.

A aparência física também conta – e MUITO!

Este pode ser um tópico polêmico dentro do livro, então, antes de qualquer coisa, vamos fazer um exercício de imaginação.

Chegou a hora do almoço e você está morrendo de fome. Andando na rua, encontra dois restaurantes simples e com opções de cardápio bem parecidas, além de preços semelhantes. Uma diferença, no entanto, chama a atenção: enquanto um dos lugares tem uma cozinheira com roupas limpas, avental e cabelos presos e cobertos com uma touca higiênica, no outro a a cozinheira está sem avental, com cabelo solto e roupas cobertas por pelinhos. Em qual dos locais você optaria por comer? Digo com convicção que muito provavelmente é no primeiro.

Claro que esse é um exemplo extremo, mas já traz a ideia que eu quero abordar aqui: a nossa imagem conta demais para os nossos clientes. E, sim, todos temos clientes. Quem vai te contratar, por exemplo, é o cliente do seu serviço. E no mercado financeiro sempre temos de lidar com clientes em todas as situações imagináveis.

Nesse sentido, temos de atentar à qual aparência queremos comunicar para quem está nos vendo.

Em uma entrevista com Josi Conti, consultora de imagem, também para o meu podcast, falamos muito sobre a importância que uma aparência adequada aos ambientes e propósitos tem.

Ela explica que há quatro tipos de ambientes quando o assunto são os trajes:

1 Muito Formal **2** Formal **3** Semiformal ou semicasual **4** Informal

No mercado financeiro, grande parte dos ambientes está inserida dentro do formal, e não é para menos. Estamos falando de

pessoas que vão cuidar do dinheiro dos outros, então elas precisam, até com as roupas, inspirar extrema confiança e credibilidade.

Há um movimento, em algumas empresas da área, de migrar para o estilo semiformal ou semicasual. O mercado financeiro, principalmente com a internet, está mais acessível, e seus profissionais também precisam mostrar isso para os clientes que chegam e não são grandes executivos corporativos, mas pessoas comuns, com rotinas comuns. Para isso, uma calça jeans e camiseta (obviamente, bem arrumadas, limpas e ainda passando confiança e credibilidade) podem ser mais úteis e acolhedoras do que alguém com terno e gravata. Tudo é questão de entender quem é o seu cliente e qual a imagem que a empresa quer passar para o mercado, inclusive para os seus colaboradores. Entendendo isso, fica muito mais fácil se vestir de forma adequada.

Vamos falar agora mais especificamente sobre um momento-chave: o da contratação. Nesse momento, o contratante é o seu cliente e é para ele que você tem que vender a sua melhor imagem. Afinal, em um dia no qual outras diversas pessoas foram entrevistadas para a mesma vaga, você tem que se destacar em todos os aspectos – a começar pela aparência, já que é ela a responsável pela primeira impressão.

Estudos realizados no final dos anos 1960 sobre a comunicação visual e apontados pela Josi nos trabalhos dela chegaram à conclusão de que o aspecto mais importante para determinar a nossa primeira impressão de alguém é a aparência física.

Os pesquisadores perceberam que a primeira impressão é composta:
- 55% da imagem pessoal – e aqui estão inclusos diversos itens, como roupas, higiene pessoal, cabelo, maquiagem, porte físico, acessórios, postura e expressões faciais;
- 30% do modo de falar – como entonação de voz, pronúncia adequada das palavras, forma de se comunicar e velocidade;
- 7% do conteúdo oferecido pela pessoa, apenas.

Pois é... Quando você conhece alguém, o seu conteúdo será apenas 7% do que essa pessoa vai adquirir como primeira impressão, independentemente de quão inteligente ou preparado você seja. E também não é para menos. Os pesquisadores e psicólogos Alexander Todorov e Janine Willis, da Universidade de Princeton, nos Estados Unidos, descobriram que o cérebro demora, em média, 30 segundos para formar a primeira impressão sobre alguém, às vezes um pouco mais, às vezes um pouco menos. Mas, em um espaço tão curto de tempo, como alguém poderia impressionar com o conteúdo que tem a oferecer? Uma missão quase impossível.

Por isso, para não contar com a sorte, invista na sua imagem, pois ela também faz parte da sua marca pessoal. É, na verdade, a embalagem do seu produto. Você não consumiria um produto com a embalagem danificada, aposto eu. Se entenda como uma marca, mesmo que isso pareça confuso no começo, mas é assim que conseguimos dar bons passos na conquista dos nossos objetivos profissionais.

Qual é a sua marca pessoal?

Assim como no fim do capítulo anterior, nestas páginas gostaria de propor um exercício, e aqui será sobre marca pessoal. Qual a marca que você está deixando no mundo e, sobretudo, no seu ambiente profissional? Como as pessoas te enxergam?

A dinâmica deste exercício é bem simples.

Primeiro, você vai escrever como gostaria de ser visto pelos seus pares e como você acha que é visto pelos seus pares.

Depois, a tarefa é perguntar para 10 pessoas como elas te enxergam. Claro que fazer uma pergunta assim pode gerar um pouco de timidez em muita gente, então adapte o questionamento para "Qual a primeira característica que você associa a mim?". Pode ser colegas de trabalho, alguém que estudou com você, e também é válido pedir a pessoas mais próximas, como amigos e familiares. A ideia é conseguir mensurar uma média de qual a visão que outros têm sobre você, sobre qual a marca pessoal que você está deixando.

Por fim, compare as respostas dessas 10 pessoas com o que você escreveu no início, sobre como quer ser visto. As respostas se aproximam? Então sua marca pessoal está alinhada à imagem que você quer passar. Se estiver muito diferente, é hora de refletir sobre o que você pode mudar para que as pessoas te enxerguem com outros olhos.

Como eu gostaria que as pessoas me enxergassem?
_____
_____

Como eu acho que as pessoas me enxergam?
_____
_____

Como as pessoas, de fato, me enxergam?

1 _____
2 _____
3 _____
4 _____
5 _____
6 _____
7 _____
8 _____
9 _____
10 _____

CAPÍTULO 7

O poder da inteligência financeira

> "Um camponês e sua esposa possuíam uma galinha que todo dia, sem falta, botava um ovo de ouro. No entanto, motivados pela ganância, e supondo que dentro dela deveria haver uma grande quantidade de ouro, eles resolveram sacrificar o pobre animal, para, enfim, pegar tudo de uma só vez. Então, para surpresa dos dois, viram que a ave em nada era diferente das outras galinhas de sua espécie. Assim, o casal de tolos, desejando enriquecer de uma só vez, acabou por perder o ganho diário que já tinham, de boa sorte, assegurado."
>
> Moral da história: A insensatez e a ganância podem colocar tudo a perder.

O texto acima é a fábula da galinha dos ovos de ouro, de Esopo, bastante popular entre as crianças. As fábulas são histórias curtas que trazem uma moral, ou seja, um ensinamento para seu leitor com base em personagens e situações inimagináveis na vida real de qualquer ser humano. Afinal, imagina só se houvesse por aí algumas galinhas que botam ovos de ouro perdidas no mundo...

Essa fábula, que eu escolhi para ilustrar mais um capítulo de nossa leitura, se encaixa perfeitamente no tema que vamos abordar: a inteligência financeira – ou a falta dela, caso do casal da história.

Quem tudo quer, nada tem. Esse é um pensamento difícil de ser digerido porque, como bons seres humanos que somos, muitas vezes queremos o "tudo", seja lá o que isso possa significar. A gente quer uma viagem, um carro novo, o celular de última geração, a roupa da moda e por aí vai. Mas o dinheiro não é infinito e são pouquíssimas as pessoas com fortunas exorbitantes. Então, o querer tudo, a falta de planejamento e, muitas vezes, a falta de responsabilidade e de inteligência com o dinheiro podem nos colocar nessa situação de perder tudo.

Nos primeiros capítulos deste livro, falamos sobre a taxa de endividamento dos brasileiros na atualidade, que é gigantesca, de mais da metade da população. Mas se engana quem acha que a falta de inteligência financeira é algo que está restrito às pessoas com rendas mais baixas.

Muito pelo contrário.

Vou contar aqui a história de um ex-bilionário americano que, atualmente, está vivendo seus 30 anos e deveria estar no auge. Na verdade, ele estava no auge, mas a falta de planejamento e de inteligência fez com que a queda fosse grande e brusca.

Sam Bankman-Fried fundou a FTX, uma corretora de criptomoedas que, em 2022, era a segunda maior do mundo, atrás apenas da chinesa Binance. No começo desse mesmo ano, o valor de mercado dessa companhia era estimado em cerca de US$ 32 bilhões, enquanto a fortuna pessoal do jovem fundador estava próxima dos US$ 27 bilhões.

Ele ganhou destaque na mídia e no universo dos investimentos, sobretudo entre os entusiastas do mundo cripto, por desempenhar um papel de intermediador de conversas sobre regulamentações desses investimentos. Além de também ser generoso, com boas doações e empréstimos tanto no âmbito pessoal quanto no que diz respeito ao seu lado empresário.

Tudo ia bem, mas pela falta de uma boa estruturação do império que vinha construindo – e também pela suspeita de algumas fraudes financeiras – tudo desmoronou de uma hora para outra e, em apenas um dia, Sam Bankman-Fried perdeu mais de US$ 15 bilhões.

Desesperador pensar nisso, não é mesmo? Mas, ponto a ponto, vamos entender o que aconteceu com o Bankman-Fried e a sua corretora de criptomoedas, que faliu.

O primeiro passo para compreender toda essa história: vale a pena voltar um passo atrás para visualizar de forma mais ampla as engrenagens do mercado financeiro no que diz respeito aos ativos de risco – aqueles que oferecem, como o próprio nome já diz, mais riscos para os investidores porque são muito mais voláteis do que outros produtos financeiros.

Há dois grandes blocos em que podemos dividir os tipos de investimentos: renda fixa e renda variável. O nome dado a elas é intuitivo e descreve, justamente, as suas principais características.

A renda fixa é um tipo de investimento que oferece retornos já pré-acordados no momento em que o investidor adquire aquele produto. Suponha que um amigo seu esteja precisando de uma grana emprestada para determinado objetivo e vocês fecham um acordo de que você vai emprestar um valor e, quando ele for te pagar de volta, esse valor será acrescido de mais uma taxa de 10% de juros. Essa é uma forma muito simples e resumida de como funciona a renda fixa.

Basicamente, o principal é saber o retorno de um investimento no momento em que você o adquire. Dentro disso, as opções são as mais variadas. É possível escolher um título que oferece uma rentabilidade prefixada, ou seja, não varia com nenhum indicador, é uma taxa específica. Há ainda os títulos pós-fixados, que são atrelados a uma taxa de juros que pode variar, como o CDI, por exemplo. Por fim, temos os híbridos, que mesclam uma taxa prefixada com um indicador que varia com o passar do tempo.

Vamos à prática!

- Um título que oferece uma rentabilidade de 10% ao ano é prefixado. O seu funcionamento é simples: o valor que você investir vai render 10% ao ano ou quanto aquele investimento estiver oferecendo.
- Exemplo: R$ 1.000 aplicados em um investimento que entrega 10% ano serão R$ 1.100 em um ano, R$ 1.210 em dois anos, R$ 1.331 em três anos e assim por diante, sempre entregando mais com a passagem do tempo.
- Um título que oferece uma rentabilidade de 105% do CDI é pós-fixado. CDI é uma taxa de juros que acompanha a Selic, a taxa básica de juros da economia brasileira. Dessa forma, se a Selic sobe um pouquinho, o CDI também sobe um pouquinho, e vice-versa. Nessa modalidade de investimento, o dinheiro rende a porcentagem do quanto estiver aquela taxa.
- Exemplo: Com o CDI a 13,65%, por exemplo, 105% do CDI equivale

a uma taxa de cerca de 14,33%. Assim, ao investir R$ 1.000, em um ano o retorno será de R$ 1.143,32; em dois anos, R$ 1.307,19; em três anos, R$ 1.494,55, e assim por diante.

- Um título que oferece uma rentabilidade de IPCA + 5% ao ano é híbrido. Ele tem por base a variação da inflação oficial do Brasil, medida pelo Índice de Preços ao Consumidor Amplo (IPCA), mais uma taxa fixa de 5% ao ano.
- Exemplo: supondo que o IPCA esteja a 7,17% no acumulado em 12 meses, somado a uma taxa prefixada de 5% ao ano, o retorno oferecido ao investidor com um aporte de R$ 1.000 será de R$ 1.121,70 em um ano, R$ 1.258,21 em dois, R$ 1.411,34 em três, e assim por diante.

Já na renda variável a coisa funciona de uma forma diferente. De maneira oposta à renda fixa, na variável o investidor não sabe quanto ele vai ganhar com um investimento. É nessa classe que estão inseridas as ações, os fundos de investimento e, entre diversas opções, também estão os criptoativos. Aqui, para investir, é necessário conhecimento sobre os ativos que se escolhe. Para comprar uma ação de uma empresa, por exemplo, é necessário olhar para muitos aspectos, como os balanços financeiros (que mostram a situação das contas da companhia, receita, lucros ou prejuízos), além de entender quais são os pilares por trás daquele lugar, o que ela pode trazer de bom e, sobretudo, quais riscos oferece.

Um investidor inteligente tem uma carteira de investimentos

composta por mais de um tipo de ativo, com diversificação, de forma a diminuir os riscos e alavancar os resultados. No entanto, o mercado não é tão simples assim e algumas tendências ganham força a depender do momento macroeconômico vivido.

Há um ponto crucial para entendermos um dos principais movimentos desse mercado. Para que os investimentos em renda fixa sejam atrativos, sobretudo para os grandes investidores, eles precisam ter retornos altos. Nesse sentido, é importante para a renda fixa que os juros estejam altos. Para a renda variável é o contrário. Se os juros estão altos, a renda fixa ganha destaque porque ela é considerada mais segura. Assim, se esses títulos estão entregando bons retornos, muitos investidores deixam a renda variável (os ativos de risco) em busca de uma posição mais protegida. Se os juros estão muito baixos, a renda fixa entrega retornos menores e a renda variável ganha destaque, porque oferece boas oportunidades, desde que o investimento venha alinhado a uma boa educação financeira.

Quando estourou a pandemia de covid-19 no mundo, os juros caíram muito em diversos países, inclusive no Brasil e nos Estados Unidos, a maior economia do mundo na atualidade. Naquele momento, a renda fixa perdeu sua atratividade e os ativos de risco ganharam muito destaque — o universo cripto também.. Mas, com o passar do tempo e as consequências econômicas trazidas por esse momento ruim da história da humanidade, os juros voltaram a subir. E aí o movimento do mercado se inverteu, com a renda fixa voltando e os investimentos mais seguros dentro da renda variável ganhando espaço, com os ativos de risco sofrendo perdas importante.

Tendo toda essa contextualização em mente, vamos voltar ao caso de Bankman-Fried. Nesse momento em que os juros pelo mundo (principalmente nos Estados Unidos) voltaram a subir, impactando de forma negativa as empresas de cripto, o jovem empresário começou a emprestar dinheiro para que as empresas conseguissem segurar as pontas e se reorganizar.

No entanto, uma das empresas que precisou de resgate foi outra companhia também fundada por Bankman-Fried: a Alameda Research, um fundo de investimento focado no mercado de criptoativos.

Em novembro de 2022, as informações de que o executivo estava emprestando dinheiro da corretora FTX para financiar as operações da Alameda foram vazadas. Junto a isso, também vieram à tona nas redes sociais informações sobre o balanço patrimonial do fundo de investimento, que mostravam que esse patrimônio era de cerca de US$ 14,6 bilhões, porém, a "moeda" não era o dólar, mas sim o FTT – que é um token utilizado dentro da FTX como a moeda da plataforma.

Essas notícias, segundo especialistas, levantaram a suspeita de que, mesmo que os negócios das duas empresas tivessem a obrigação legal de andar separados, apesar de terem o mesmo dono, os executivos da Alameda estavam utilizando os recursos dos clientes da FTX mantidos na corretora para salvar o fundo.

Quando tudo isso foi vazado, os clientes da corretora iniciaram uma corrida para sacar todo o montante investido ali dentro, com medo de perderem seus depósitos. Esses saques em massa quebraram a FTX, que não tinha dinheiro suficiente para pagar todos os clientes, o que levou Bankman-Fried a entrar com um pedido de recuperação judicial em 11 de novembro, além de deixar o posto de CEO da companhia.

Até a escrita deste livro, não havia nada de muito certo sobre o futuro da corretora e, sobretudo, do seu fundador. As teorias de bastidores são de que ele deve enfrentar um processo por fraude financeira, o que pode acabar até em prisão.

Porém, enquanto continua como um homem livre, Bankman-Fried segue na mídia e nas redes sociais; em meio a todos os escândalos, deu uma entrevista bastante interessante ao veículo americano *Axios*, falando sobre sua situação financeira.

Quando perguntado sobre como estavam as suas finanças, o homem que poucos meses antes tinha uma fortuna de bilhões de dólares e estava entre as pessoas mais ricas do mundo afirmou que sua situação era complicada e que todo o dinheiro que ele tinha eram US$ 100 mil dólares, que provavelmente ainda sofrerão mais perdas.

Durante essa entrevista, Bankman-Fried contou que chegou a essa situação financeira porque todo o seu dinheiro estava aplicado na empresa, visto que esse era o sonho no qual ele acreditava, era a sua galinha dos ovos de ouro, parafraseando a fábula de Esopo.

Um dos homens mais ricos do mundo, com bilhões em patrimônio, não teve inteligência financeira. Ele não fez o básico: guardar dinheiro e ter uma reserva de emergência, porque, sim, imprevistos acontecem o tempo todo, até para os mais ricos.

A inteligência financeira começa com o hábito de guardar dinheiro, e essa é outra frase que eu te peço para ter como um mantra.

E eu sei que é difícil, porque para mim também foi. Eu sei que é praticamente impossível guardar dinheiro no começo da carreira, porque tudo o que ganhamos é destinado para o pagamento das contas. Quando eu era universitário, trabalhava exclusivamente para pagar a faculdade e, até se eu quisesse comer uma coxinha no intervalo, precisava economizar.

Naquela época, ainda não existia, em São Paulo, o Bilhete Único, que é um cartão de pagamento em que colocamos saldos para utilizar o transporte público da cidade. Usávamos, então, uma espécie de "passe", ou "ticket". Recebíamos, das empresas, o valor da condução nesses passes. Como não eram depositados em um cartão específico para o transporte público, alguns lugares aceitavam esses passes como forma de pagamento. E o tio da cantina da faculdade era um desses comerciantes, para a minha felicidade.

Quando eu queria ter dinheiro para uma coxinha, então, economizava um passe e, assim, podia comprar o lanche. Para isso, eu me virava atrás de caronas. A cada carona que eu conseguia, era um passe a mais que sobrava e, nesse caso, significava que eu teria uma coxinha no horário do intervalo.

Eu sei bem o quanto é difícil guardar dinheiro nessa fase. Assim como pode ser difícil guardar em qualquer outra. Ter filhos, por exemplo, custa caro, assim como muitas outras situações que podem consumir todo o dinheiro que entra. Se você está em uma dessas fases em que não sobra quase nada para poupar, não se sinta desestimulado. Meu convite aqui vai além. Meu convite não é para que você guarde dinheiro com o objetivo principal de ficar rico com sua poupança. Longe disso. Meu convite é para que você comece a desenvolver o hábito da poupança. Mais importante do que o valor que você consegue poupar é o hábito de poupar. Assim, quando mais dinheiro começar a entrar na conta, você não vai gastar o excedente, porque já terá o hábito de poupar intrínseco.

Se você ganha R$ 2 mil por mês e só consegue guardar R$ 50, tudo bem. Guarde esses R$ 50 e, em um ano, serão R$ 600. Melhor que nada, não é mesmo? Ao vir um aumento, mesmo que pequeno, ajuste suas contas e a poupança para esse novo valor. Se sobe para R$ 2.500, por exemplo, quanto dali você precisa para pagar suas contas sem sofrimento? Não utilize todo o valor a mais para novas dívidas desnecessárias, apenas lide com aquelas que você já tem. Se desse novo valor você conseguir poupar R$ 100 por mês, está ótimo! O hábito foi criado e a partir daí fica cada vez mais fácil.

É assim que se cria uma reserva de emergência e que se começa a investir, com poucas quantidades e acompanhado por um profissional ou pelo próprio estudo da educação financeira.

Tudo precisa de um primeiro passo para começar; não é necessário dar o pontapé inicial com todas as coisas já resolvidas.

É um processo! Acredite nele!

O seu "eu do futuro" agradece. E talvez o seu "eu do presente" agradeça também.

A quinta edição da pesquisa "Perfil e Comportamento do Endividamento Brasileiro", elaborada pela Serasa em parceria com o Instituto Opinion Box em novembro de 2022, mostra os impactos que as dívidas têm sobre a vida das pessoas. Spoiler: os estragos podem ser grandes.

O levantamento, que foi realizado com uma base de dados atualizada até setembro do mesmo ano, concluiu que, naquele momento, o número de endividados e/ou inadimplentes no Brasil era de 68,39 milhões de pessoas. Muita coisa, né?!

"De todos os participantes da pesquisa, 29% responderam que o desemprego foi o fator preponderante para a aquisição de dívidas. No ano passado, esse número era de 30%. Os principais impactados pelo desemprego no grupo de inadimplentes são os jovens com até 30 anos (33%) e as mulheres (31%)."

Nessa pesquisa, a Serasa ouviu 5.225 pessoas de todas as regiões do País, que responderam a diversas perguntas sobre quais os impactos biológicos e emocionais que os problemas com as dívidas traziam para suas vidas. Os resultados são alarmantes.

Olha só:

- 83% dos endividados têm dificuldade para dormir por conta das dívidas
- 78% têm surtos de pensamentos negativos devido aos débitos vencidos
- 74% afirmam ter dificuldade de concentração para realizar tarefas diárias
- 62% dos entrevistados sentiram impacto no relacionamento conjugal
- 61% viveram ou vivem sensação de "crise e ansiedade" ao pensar na dívida
- 53% dos pesquisados revelam sentir "muita tristeza" e "medo do futuro"
- 51% dos entrevistados têm vergonha da condição de endividado
- 33% não se sentem mais confiantes em cuidar de suas próprias finanças
- 31% pararam de frequentar reuniões familiares

Ao comentar a pesquisa, a psicóloga Valéria Meirelles, especializada em temas relacionados a dinheiro, disse em entrevista à Serasa que, em uma sociedade na qual o dinheiro é diretamente associado ao sucesso, o atraso das dívidas costuma implicar sentimentos de alguma falha ou incompetência. "Nesse sentido, é natural para o endividado de boa-fé sentir vergonha", afirma a especialista.

Não à toa, a dívida tem gerado tantos problemas, inclusive biológicos. Segundo a psicóloga, o sistema biológico é o primeiro a sentir os efeitos da preocupação com as dívidas, pois a ansiedade toma conta dos pensamentos do indivíduo, que não consegue relaxar, impactando o funcionamento natural e correto do corpo e gerando problemas como a insônia, por exemplo.

> É muito comum a perda do sono nessas situações, pois aspectos biológicos são uns dos primeiros sintomas de preocupações com dívidas, especialmente quando estas podem levar à inadimplência. A ansiedade vai invadindo a vida da pessoa que busca incansavelmente uma solução para zerar sua situação. Ela passa a viver com pensamentos voltados ao futuro, não consegue relaxar e, consequentemente, não dorme também. Quando são dívidas voltadas à escola dos filhos, à faculdade, ao aluguel ou ao condomínio, ou seja, contas básicas, os sentimentos se agravam.

Os problemas, inclusive, podem extrapolar os limites biológicos. No começo do livro, quando falávamos sobre o método DRE, comentamos também sobre o aumento da incidência de casos de suicídio em momentos de crises econômicas. Outra consequência que pode existir quando alguém lida com as dívidas é a violência. O endividamento em níveis elevados pode gerar tanta ansiedade na vida da pessoa, que suas atitudes no dia a dia passam a ser mais violentas, trazendo problemas em diversos tipos de relacionamentos.

"Quando uma pessoa está tomada pela preocupação com as dívidas, especialmente as de grande impacto em seu cotidiano, que a privarão de alguns confortos, ela pode ter dois tipos extremos de comportamento: se afastar e se isolar ou conviver, mas com irritabilidade, o que pode levar a discussões e, em casos mais graves, à violência doméstica. Algumas pessoas, em casos extremos de superendividamento, acabam recorrendo ao uso de álcool e a outras drogas, agravando ainda mais a situação."

E como fazer para não chegar a esse ponto? Essa é uma questão difícil, porque a vida de cada pessoa é diferente e a solução que se encaixa para um pode não funcionar para o outro. Mas alguns primeiros passos podem ser dados.

Para começo de conversa, o mais importante, como já falamos, é criar o hábito de poupar, mesmo que seja só com um pouquinho que sobra no mês. Assim, quando entra mais dinheiro, o cérebro já sabe que sua missão é conseguir poupar mais, e esse se torna um hábito excelente.

Para além disso, **é importante reconhecer a nossa situação atual. Você convive com estresse financeiro? Como anda sua saúde**

financeira e, mais que isso, como a sua vida financeira anda interferindo na sua saúde física e emocional? Para saber isso, encare de frente e com sinceridade os problemas.

A seguir, montei um simples teste com base naquele levantamento feito pela Serasa, para te ajudar a perceber o seu nível de estresse financeiro. Se você tiver muitas respostas no campo "sim", é hora de procurar ajuda. Comece com um psicólogo para te ajudar a lidar melhor com essas emoções.

A ideia não é trazer nenhum resultado conclusivo, até porque não sou um psicólogo, mas criar um espaço seguro para que você reflita sobre sua situação financeira e sobre os impactos disso na sua vida. Responda às perguntas a seguir com bastante honestidade, afinal é pelo seu próprio bem-estar e ninguém mais vai ver isso. Bora lá!

ASSINALE:

	SIM	NÃO
Você sente dificuldade para dormir, pois está pensando nas dívidas?	○	○
Já teve momentos intensos de pensamentos negativos pensando em como pagar as contas?	○	○
As dívidas têm te trazido dificuldade para se concentrar em tarefas do dia a dia?	○	○
Dinheiro e dívidas estão atrapalhando seus relacionamentos pessoais?	○	○
Já teve crises de ansiedade ao pensar nas dívidas?	○	○
Questões com dinheiro te geram tristeza ou medo do futuro?	○	○
Você sente vergonha de falar sobre sua situação financeira atual?	○	○
Você se sente confiante para cuidar de suas próprias finanças?	○	○
Você deixou de frequentar ambientes por conta de dívidas?	○	○

Ao entender a sua situação atual com o dinheiro e começar a traçar os caminhos para resolver os problemas, mesmo que com passinhos curtos, a vida muda de perspectiva. Contar com a educação financeira é libertador para tudo o que queremos, e não é diferente quando o assunto é a vida profissional.

Contar com a educação financeira será libertador durante a sua carreira. Você conhece pessoas que não gostam de seus trabalhos, têm problemas com seus chefes e passam por maus bocados nos empregos, mas ainda assim permanecem naquele lugar porque há dívidas que precisam ser pagas e, por isso, o "luxo" de pedir as contas não é uma realidade possível? Eu conheço várias pessoas que passam por essa situação e isso é triste. Costumo dizer para quem é próximo a mim que alguém que fica no emprego somente porque tem um planto de saúde provavelmente vai precisar usar esse plano.

Criar o hábito de poupar e, com isso, começar a montar uma reserva de emergência pode ser muito útil em uma situação de doença ou grandes adversidades no mundo. E também vai permitir que você diga "não" àquelas propostas de trabalho que não fazem sentido diante dos seus valores e objetivos de vida, além de te permitir colocar um ponto-final na relação com uma empresa que não é mais o lugar onde você quer estar. Ter uma reserva de emergência deixa as tomadas de decisões muito mais confortáveis.

Noções básicas de Economia

Como um bom livro sobre mercado financeiro, não poderia deixar de falar sobre as noções básicas de Economia — algo que todo mundo deveria saber para um bom entendimento sobre coisas que mexem demais com a vida individual e em sociedade. Afinal, é por aí que conseguimos começar a entender pontos essenciais para uma educação financeira de qualidade, que vai nos auxiliar a cuidar do nosso dinheiro e a investir com uma boa dose de responsabilidade e inteligência.

A dinâmica econômica em que vivemos trata de bens e sua disponibilidade no mundo. O dinheiro, por exemplo, é um bem escasso, assim como o petróleo, a água e os metais raros que são amplamente utilizados pela indústria da tecnologia, por exemplo. O preço das coisas é determinado, então, por algo que chamamos de "lei de oferta e demanda". Isso nada mais é do que o embasamento do valor atribuído a algo pela procura que esse algo tem.

Vamos a um exemplo. Os metais raros que são usados para a fabricação de smartphones, computadores e afins são escassos e, além disso, com o longo período de isolamento social causado pela pandemia de covid-19, a extração desses produtos foi impactada, o que os tornou mais raros ainda. Nesse sentido, quando a cadeia produtiva passa por problemas e a entrega desse produto é comprometida, há um impacto negativo na oferta. Se não há oferta suficiente para atender a todo mundo que quer comprar, os vendedores desses metais (que são países) elevam os preços do produto e paga quem tiver mais dinheiro para arcar com os custos. Porém, como uma parte do processo de produção dos itens de tecnologia ficou mais caro, isso é repassado no valor final dos celulares e de outros aparelhos eletrônicos, gerando uma inflação no preço desses produtos.

A inflação é a variação para cima no preço das coisas; ela pode ser específica, como no caso dos produtos eletrônicos, ou generalizada por diversos setores da economia.

O preço das coisas pode subir, mesmo quando não há um problema nas cadeias produtivas, mas também quando a demanda por algum produto cresce sem que a sua oferta acompanhe o número de pedidos.

A inflação costuma ser generalizada pela economia quando há altas nos preços de produtos básicos. Esse é o caso do petróleo, que é a principal fonte de energia utilizada no mundo ainda hoje. Se o petróleo sobe, um dos impactos se dá sobre os preços dos combustíveis fósseis, como gasolina e diesel. Com esses combustíveis mais caros, sobe também o preço do frete para transportar os produtos de um lado para outro. O frete é repassado para os produtores, que o repassam para seus distribuidores e assim por diante, até chegar ao consumidor final. Quando vamos ver, não só o preço da gasolina subiu, mas também o valor de toda a compra do mês no supermercado. Essa é a inflação.

Para controlar o avanço dos preços, o principal método utilizado no mundo todo é o aumento das taxas de juros.

As taxas de juros são uma porcentagem que servem como base para diversas operações financeiras. Para financiar um apartamento, por exemplo, a instituição financeira cobra uma taxa em cima do valor principal para lucrar com o pagamento a longo prazo por parte do cliente. Os juros também são cobrados em contas muito menores, como o parcelamento no cartão de crédito. No Brasil, a taxa básica de juros, ou seja, que serve como parâmetro para todas as outras, é a Selic. E quem a controla é o Banco Central, por meio de seu Comitê de Política Monetária, o famoso Copom.

Quando a inflação está muito alta, o Copom eleva a taxa Selic. Isso acontece porque, quando os juros estão mais altos, as pessoas tendem a consumir menos, já que fica mais caro parcelar, financiar e tomar crédito. Se a população consome menos, a demanda interna cai, o que leva a um aumento nos estoques de produtos em comércios, indústrias e no agronegócio. Se a oferta é maior do que a demanda, os preços dos produtos são reduzidos de forma a estimular o consumo, levando a uma queda na inflação, ou à deflação.

O contrário também é válido: quando o objetivo do Copom é estimular o consumo doméstico porque os níveis de deflação são elevados, o Comitê reduz a taxa Selic, o que torna todas aquelas operações financeiras mais baratas para quem quiser comprar.

A sua missão em meio a esse vaivém da inflação e das taxas de juros é saber se posicionar financeiramente em cada momento, entendendo como reconhecer qual é a melhor hora para fazer um financiamento, por exemplo, além de, principalmente, saber escolher as melhores opções de investimento para alavancar seus ganhos em cada período macroeconômico, conforme o que falamos há algumas páginas sobre os produtos da renda fixa e da renda variável.

Também é muito importante estudar para conhecer as opções disponíveis no mundo dos investimentos e entender qual é o seu perfil de investidor. Ou seja, quais os riscos que você aceita na hora de investir. Há diversos canais com conteúdo de qualidade na internet, muitos deles disponíveis de forma gratuita, em que é possível aprender bastante sobre educação financeira. Só esteja sempre atento para não cair em conversa de falsos influenciadores que só buscam vender soluções mágicas para ganhar dinheiro. Isso não existe.

A melhor fórmula para ter uma boa vida financeira é esforço, educação financeira e uma carreira muito bem-estruturada.

CAPÍTULO 8

Encontre um propósito fora do trabalho

"Havia um rei muito poderoso que tinha tudo na vida, mas sentia-se confuso. Resolveu consultar os sábios do reino e disse-lhes:

– Não sei por que me sinto estranho; preciso ter paz de espírito. Preciso de algo que me faça alegre quando estiver triste e que me faça triste quando estiver alegre.

Os sábios resolveram dar um anel ao rei, desde que o rei seguisse certas condições:

No anel existe uma mensagem, mas o rei só deverá abrir o anel quando ele estiver num momento intolerável. Se abrir só por curiosidade, a mensagem perderá o seu significado. Quando TUDO estiver perdido, a confusão for total, acontecer a agonia e nada mais puder ser feito, aí o rei deve abrir o anel.

O rei seguiu o conselho. Um dia o país entrou em guerra e perdeu. Houve vários momentos em que a situação ficou terrível, mas o rei não abriu o anel porque ainda não era o fim. O reino estava perdido, mas ainda podia recuperá-lo. Fugiu do reino para se salvar. O inimigo o seguiu, mas o rei cavalgou, até que perdeu os companheiros e o cavalo.

Seguiu a pé, sozinho, e os inimigos atrás; era possível ouvir o ruído dos cavalos. Os pés sangravam, mas tinha que continuar a correr. O inimigo se aproxima e o rei, quase desmaiado, chega à beira de um precipício. Os inimigos estão cada vez mais perto e não há saída, mas o rei ainda pensa:

– Estou vivo, talvez o inimigo mude de direção. Ainda não é o momento de ler a mensagem...

O rei olha o abismo e vê leões lá embaixo, não tem mais jeito. Os inimigos estão muito próximos. Então o rei abre o anel e lê a mensagem: "Isto também passará". De súbito, o rei relaxa. Isto também passará e, naturalmente, o inimigo mudou de direção. O rei volta e tempos depois

> reúne seus exércitos e reconquista seu país. Há uma grande festa, o povo dança nas ruas e o rei está feliz, chorando de tanta alegria; de repente, se lembra do anel, abre-o e lê a mensagem: "Isto também passará". Novamente ele relaxa, e assim obtém a sabedoria e a paz de espírito."

Este texto, também conhecido como a Parábola do Tudo Passa, é um tesouro deixado por algum sábio autor desconhecido para a humanidade. É possível encontrar algumas variações por aí na forma como a história foi escrita, mas o essencial é essa mensagem irretocável: tudo, independentemente do que seja, vai passar. Tudo passa!

Pode parecer uma ideia assustadora, mas, dependendo da perspectiva pela qual olhamos, na verdade é reconfortante. Todas as situações ruins chegam ao fim. Do mesmo modo, os momentos bons e de grande alegria também passam e são substituídos por novas adversidades. **A vida é cíclica e as emoções também.** Muitas vezes as situações se repetem, mas não nos causam o mesmo impacto simplesmente porque mudamos nossa forma de enxergar alguma coisa.

A alegria é necessária e muito bem-vinda no final de cada momento de tristeza que atravessamos. No entanto, sem os momentos de tristezas e o conhecimento de sentimentos negativos não somos capazes de identificar e valorizar o que é bom. É um ciclo. Tudo passa.

E na vida profissional não é diferente, as coisas também passam, principalmente o tempo. Chega o momento em que todos nós, se assim permitir o destino, nos aposentamos. Envelhecemos. A energia que tínhamos para nos dedicar a horas a fio de trabalho começa a falhar. Nossas prioridades mudam. A saúde começa a cobrar as contas de uma vida bem-vivida.

Hoje eu estou na ativa, trabalhando bastante, mesclando a vida profissional com bons momentos de qualidade com minha família e pessoas queridas. Mas daqui a pouco tudo isso vai passar. Passará para mim, para você e para todo mundo. E a pergunta que fica no meio disso tudo é: O que fazer depois do trabalho?

Você tem planos para isso? Tem planos em relação a o que pretende fazer e a como pretende viver depois que se aposentar?

Em 2013, o Institute of Economics Affairs (IEA) desenvolveu um estudo com idosos para entender os impactos da aposentadoria para a saúde mental. A conclusão à qual os pesquisadores chegaram é que deixar de trabalhar pode elevar em até 40% as chances de uma pessoa desenvolver depressão.

E isso é um grande problema em um país como o Brasil, em que a população idosa – que é a principal faixa etária na qual as pessoas se aposentam – não para de crescer. De acordo com o Instituto Brasileiro de Geografia e Estatística (IBGE), até 2060 um a cada quatro brasileiros terá mais de 65 anos. Atualmente, a população idosa do país já ultrapassa a marca de 30 milhões de pessoas.

Em um artigo produzido pela Pfizer, empresa de saúde que ficou mundialmente conhecida em 2020 por conta de suas vacinas contra a covid-19, os autores explicam que o isolamento social que pode acontecer com a velhice e a falta de planejamento financeiro está entre os principais fatores de risco para a depressão após a aposentadoria.

A Pfizer elenca cinco hábitos e atitudes que podem ajudar na prevenção da doença para pessoas que deixam de trabalhar. Olha só!

1. TER UM PLANEJAMENTO FINANCEIRO

O primeiro ponto abordado pela Pfizer é justamente o tema de todo o capítulo anterior deste livro. A inteligência financeira não é importante apenas enquanto somos jovens, pensando que podemos ser demitidos ou trocar de emprego. A construção de uma reserva de emergência e os investimentos estão para muito além disso.

De acordo com dados do Boletim Estatístico da Previdência Social, fornecidos pelo Governo Federal, em janeiro de 2022 o valor médio pago de aposentadorias para pessoas com direito ao benefício no Brasil era de R$ 1.623,38. Vale lembrar que esse valor é pago para aposentados em um país em que o preço médio de uma cesta básica gira em torno de R$ 663,29. Além disso, idosos costumam ter uma saúde um pouco mais debilitada e sensível do que pessoas mais jovens, o que implica também muitos gastos com remédios. Por cima, podemos dizer que metade do valor médio de uma aposentadoria é gasto apenas com aquilo que há de mais essencial.

Com esse valor, sobra pouco para pagar outras contas e menos ainda para que a pessoa aposentada consiga gastar com outras atividades que gerem prazer, como viajar para destinos diferentes e fazer aulas de atividades que antes não havia tempo para serem feitas, por exemplo.

Nesse sentido, a falta de dinheiro é um problema real na aposentadoria, justamente um momento de maior vulnerabilidade na vida. Fica fácil entender o porquê de as questões financeiras serem uma das principais causadoras da depressão na aposentadoria.

Para evitar isso, a única saída possível é o planejamento financeiro, a não ser que você ganhe na loteria. O planejamento para a fase de aposentado deve começar o quanto antes, para que, quando esse momento chegar, ele seja tranquilo e você possa viver o estilo de vida que desejar.

2. TER HOBBY, PASSATEMPOS, MOMENTOS DE DIVERSÃO

Cabeça vazia é um problema quando estamos mais vulneráveis, seja pela idade, por problemas de saúde, problemas financeiros ou qualquer que seja o motivo. Ter um hobby parece uma dica batida, porque é algo que sempre ouvimos as pessoas recomendarem. Mas, quando muita gente fala a mesma coisa, a probabilidade de aquilo fazer sentido é grande.

Cantar, dançar, cozinhar, caminhar, praticar esportes, fazer trabalhos voluntários, frequentar grupos de leitura, conhecer pontos turísticos diferentes (sejam eles perto ou longe de casa), buscar autoconhecimento, escrever, recitar poemas, aprender a dar cambalhota, andar de bicicleta... há milhares de opções para nos sentirmos bem. E não há o menor problema em fazer algo com o objetivo único e exclusivo de se sentir bem.

Buscar essas "atividades extracurriculares" ainda pode trazer novos amigos e expandir o círculo de contatos do aposentado, o que evita a solidão muito comum a essa fase.

No entanto, a busca pelos passatempos e momentos divertidos não precisa começar apenas depois da aposentadoria. Assim como o planejamento financeiro é algo que deve começar o quanto antes, a preparação dos outros hábitos também pode começar cedo, para que a fase da aposentadoria seja a mais tranquila possível.

Para isso, é necessário se conhecer e descobrir as coisas que você gosta de fazer além do trabalho e da rotina profissional. Logo no começo do livro eu comentei que, maior do que a sua carreira, é a sua vida integral, ou seja, você mesmo, e essa verdade tem que ser levada como absoluta. Nós trabalhamos para viver; é errado viver para trabalhar. Pode ser que agora você não tenha o tempo que considera ideal para praticar seus hobbies e as outras atividades que te conferem propósitos de vida para além do trabalho, mas deixar a chama acesa é uma baita ajuda para que, quando chegar a hora de parar de trabalhar, a confusão e a falta de autoconhecimento não tomem conta dos pensamentos.

E não se engane sobre quando digo "propósitos de vida"". Muitas vezes, achamos que ter um propósito precisa ser algo extremamente grandioso, como acabar com a fome no mundo ou gerar um grande impacto em alguma área. Não tem nada de errado em querer isso, mas propósitos também podem ser coisas comuns, mais próximas, mais leves. Correr meia maratona, aprender a coreografia de uma música pela qual você é apaixonado, aprender outro idioma e tantas outras coisas podem ser propósitos muito legais. O que você quer muito fazer? Faça uma listinha de sonhos e arrebente!

3. PRATICAR ATIVIDADES FÍSICAS

A prática de atividades físicas traz tantos benefícios para o corpo e a mente, que poderíamos escrever um livro inteiro apenas sobre isso.

Mas aqui vamos atentar a um ponto: os hormônios da felicidade. Se exercitar regularmente provoca a liberação de diversos hormônios que trazem a sensação de bem-estar e diminuem as chances de alguém desenvolver depressão.

No total, são cinco os principais hormônios liberados pela prática de atividade física. Veja, a seguir, quais são e seus benefícios.

HORMÔNIO	Principais benefícios
Endorfina	Traz a sensação de recompensa e bem-estar; diminui estresse e irritação; promove crescimento celular e queima de gordura; melhora do sono, da imunidade e da disposição; pode diminuir os níveis de colesterol.
Serotonina	Regula o humor de forma a promover estabilidade emocional; traz a sensação de bem-estar; melhora a memória, o ritmo cardíaco e as funções cognitivas.
Adrenalina	Ajuda a lidar com o estresse; produz energia; deixa o cérebro alerta; estimula a memória; ajuda a queima de calorias.
Somatotrofina (GH)	É o hormônio do crescimento, mas não atua apenas na fase da infância e adolescência. Durante a vida adulta, ajuda na queima de gordura e no fortalecimento de tecidos e músculos.
Cortisol	Diminui o estresse; tem efeito anti-inflamatório; eleva o nível de concentração; eleva os níveis de energia; libera dopamina.

Além disso tudo, se exercitar ajuda a dormir e pode contribuir para conhecer pessoas novas.

Alinhar essa prática a uma boa alimentação é a receita perfeita para se manter saudável em todas as fases da vida e ter mais disposição para fazer tudo o que você se dispuser a fazer.

4. EVITAR A SOLIDÃO

Evitar a solidão é muito importante para tentar diminuir os riscos de depressão. Um estudo do *The Journal of the American Medical Association* (JAMA) com 45 mil pessoas revelou os principais impactos da solidão na saúde de um ser humano. O isolamento social causa a desregulação dos hormônios, principalmente os atrelados às sensações de bem-estar, levando a um aumento nos níveis de estresse. De todas as pessoas acompanhadas pela pesquisa, 20% dos que viviam em solidão tiveram quatro anos de vida a menos do que a expectativa do grupo.

Em artigo produzido pela Unimed, a empresa de saúde explica os principais pontos descobertos pela pesquisa da JAMA.

> Todo esse estresse promove o surgimento de células cancerígenas. Ou seja, o câncer pode ser um dos efeitos da solidão não apenas pelo estresse, mas também por conta do estilo de vida de pacientes solitários. Isso inclui os hábitos alimentares, como a ingestão exagerada de açúcar. Altos níveis de açúcar no sangue elevam os riscos de diabetes. Para piorar, a solidão influencia a produção de cortisol, o hormônio do estresse, e da insulina, hormônio relacionado à redução de glicemia.

Para evitar a solidão, a chave é buscar companhia de outras pessoas, sejam familiares, sejam amigos, e e conhecer pessoas novas em lugares que frequentar.

5. DEIXAR A VERGONHA DE LADO

"Não tenha vergonha de envelhecer – aceitar a idade é essencial para você se sentir bem consigo mesmo e para aproveitar a vida após aposentadoria. Admita que o corpo pede descanso e cuidados, e valorize o conhecimento e a experiência."

Feliz é aquela pessoa que consegue envelhecer. Sinal de uma vida longa e – tomara – bem vivida. Se tudo der certo com as nossas vidas, eu, você que me lê e todo mundo vamos envelhecer. É o ciclo natural da vida. Somos gerados, chegamos ao mundo sem saber nada, vamos crescendo dia após dia, ganhando massa, mostrando nossas principais características físicas. Depois disso, começamos a descobrir um mundo novo e cheio de coisas, cheiros, cores. Nos alimentamos, aprendemos a andar, a falar, a brincar. Quando crianças, nos tornamos questionadores, começamos a fazer birra. Temos um primeiro dia de aula, um primeiro joelho ralado, uma primeira paixão da infância, uma primeira nota vermelha, um primeiro amor não correspondido, o primeiro melhor amigo. Crescemos, nos formamos na escola, começamos a vida adulta. Alguns vão para a faculdade, outros começam a trabalhar. Temos filhos, sobrinhos, primos; nos casamos, brigamos, nos separamos, voltamos, viajamos, economizamos, gastamos, choramos, erramos, aprendemos... vivemos tudo, até que envelhecemos. Esse é o ciclo natural.

Mas, apesar de ser o ciclo natural, envelhecer não significa deixar de viver. Afinal, não dizem que é essa a melhor idade?

Não há por que se envergonhar dos novos desafios que chegam com o avançar dos anos. É mais uma fase de transição, assim como passamos por diversas outras no decorrer da vida.

Viver isso de cabeça erguida, feliz, encarando a fase nova com leveza é possível e nos ajuda a não desenvolver problemas mentais e emocionais depois de deixar de trabalhar.

Todo aquele planejamento que abordamos nos últimos itens destinam-se a ajudar a enxergar propósitos para além do trabalho e viver a vida além da carreira de forma plena. E que seja lindo!

Para finalizar este capítulo, vou recorrer uma vez mais a um texto daqueles que nos causam reflexão. Este conto, de autor desconhecido, nos fala sobre envelhecer e traz a mensagem que eu mais quero passar quando escrevo que não há do que se envergonhar com o ciclo natural da vida.

A TIGELA DE MADEIRA

Um senhor de idade foi morar com seu filho, nora e netinho de 4 anos de idade. As mãos do velho eram trêmulas, sua visão embaçada e seus passos vacilantes.

A família comia reunida à mesa.

Mas as mãos trêmulas e a visão falha do avô o atrapalhavam na hora de comer. Ervilhas rolavam de sua colher e caíam no chão. Quando pegava o copo, leite era derramado na toalha da mesa.

O filho e a nora irritaram-se com a bagunça. "Precisamos tomar uma providência com respeito ao papai", disse o filho. "Já tivemos suficiente leite derramado, barulho de gente comendo com a boca aberta e comida pelo chão."

Então, eles decidiram colocar uma pequena mesa num cantinho da cozinha. Ali, o avô comia sozinho enquanto o restante da família fazia as refeições à mesa, com satisfação. Desde que o velho quebrara um ou dois pratos, sua comida agora era servida numa tigela de madeira.

Quando a família olhava para o avô sentado ali sozinho, às vezes ele estava com lágrimas em seus olhos. Mesmo assim, as únicas palavras que lhe diziam eram repreensões ásperas quando ele deixava um talher ou comida cair ao chão.

O menino assistia a tudo em silêncio.

Uma noite, antes do jantar, o pai percebeu que o filho pequeno estava no chão, manuseando pedaços de madeira. Ele perguntou delicadamente à criança:

- O que você está fazendo?

O menino respondeu docemente:

- Oh, estou fazendo uma tigela para você e mamãe comerem, quando eu crescer.

O garoto sorriu e voltou ao trabalho. Aquelas palavras tiveram um impacto tão grande nos pais, que eles ficaram mudos. Então lágrimas começaram a escorrer de seus olhos.

Embora ninguém tivesse falado nada, ambos sabiam o que precisava ser feito. Naquela noite o pai tomou o avô pelas mãos e gentilmente conduziu-o à mesa da família.

Dali para frente e até o final de seus dias ele comeu todas as refeições com a família. E, por alguma razão, o marido e a esposa não se importavam mais quando um garfo caía, leite era derramado ou a toalha da mesa sujava.

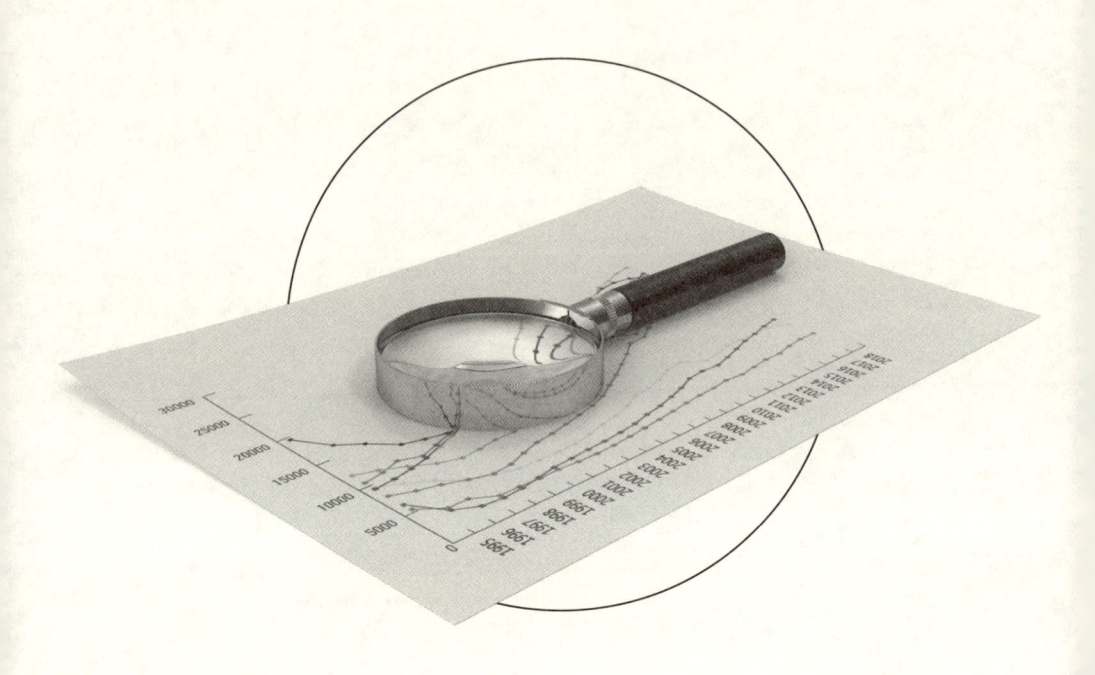

CONCLUSÃO

Balanços

É desafiador escrever um livro sobre carreira com o intuito de apresentar táticas e soluções para que alguém consiga ter sucesso em determinada área, como o mercado financeiro. É difícil porque cada pessoa é uma pessoa e o que funciona para mim pode não funcionar para você, e vice-versa. Foram alguns meses de dedicação para tentar colocar aqui, nas melhores palavras possíveis, ensinamentos que possam ser válidos para qualquer pessoa que leia este livro. E, se você chegou até aqui, espero que sua leitura tenha sido proveitosa.

Como mensagem final, gostaria de retomar o tema que eu usei para abrir todo esse longo texto: a estabilidade. Meu convite é para que você reflita, uma vez mais, sobre aquilo que planeja para sua vida e o lugar onde está hoje.

Muita gente sonha com a CLT como se essa fosse a chave para uma vida bem-sucedida. Muita gente sonha com um cargo público por meio de concurso como se isso representasse a estabilidade para o resto de toda a vida. A verdade é que seria muito bom se essa fosse a realidade, se as coisas funcionassem tão bem na prática quanto funcionam na teoria. É claro, muita gente segue por esses caminhos e tem uma carreira boa e plena ao longo de toda a vida profissional, mas não é isso que acontece sempre; não é isso que acontece em todos os casos, infelizmente.

A condição que você está vivendo hoje, seja lá qual for, passa. Se você está passando por algum desafio pessoal, profissional ou financeiro, ele vai passar. E as bonanças também.

Isso se aplica ao mundo corporativo, e o que eu quero reforçar aqui é o conceito de que a estabilidade não existe. Ela é apenas uma ideia reconfortante para os dias de luta. Sabe quando tudo está dando errado e a sua decisão é se deitar no sofá com um balde de pipoca para assistir àquele filme que você sabe que te faz se sentir melhor independentemente da quantidade de vezes que você o assista? Você sabe que tudo naquela história é pura ficção, que você não vai cruzar com o amor da sua vida no corredor da escola enquanto pega os livros da próxima aula, que o Papai Noel não vai te levar para voar e resolver todos os problemas da sua vida. Você sabe de tudo isso, mas ainda assim assiste porque é reconfortante, te faz se sentir bem. A estabilidade é esse filme, e pensar na sua vida completamente contemplada por ela é uma atitude que serve apenas para atenuar as fases mais desafiadoras da vida. E está tudo bem querer ter conforto, mas sem deixar de trabalhar na estrutura do seu prédio para que ele não desmorone com qualquer vento mais forte.

Alguns profissionais buscam na carreira pública essa tão sonhada estabilidade. É exatamente por isso que o mercado de concursos no Brasil é tão aquecido. Existe algo errado em ser servidor público e prestar seu serviço para o Estado? Claro que não. Dada a nossa estrutura social, é absolutamente necessário que tenhamos bons profissionais atuando nas esferas públicas.

Meu convite é apenas para que você questione as razões que o movem para esse caminho. Por que prestar um concurso? É porque você gosta da área? É porque seu sonho é seguir por um caminho profissional que só se alcança por meio de concursos? Para ser promotor público, por exemplo, não há outro caminho que não o processo seletivo por meio do concurso. E aí a solução é estudar, estudar e estudar até garantir sua vaga. Também não há nada de errado em gostar de uma área oferecida em um concurso e escolher estudar pensando que o salário inicial é muito maior do que na iniciativa privada. Absolutamente nada de errado.

Mas se a sua resposta para quando te perguntam o motivo de querer a carreira pública é a estabilidade como principal razão, sinto muito por te decepcionar com tudo que disse até aqui.

O dinheiro do Estado não é infinito. Economias colapsam e, claro, se isso acontece, não há dinheiro para pagar seu salário... e aí é dizer "adeus" para a estabilidade. Parece exagerado dizer isso? Infelizmente, basta uma visita rápida à nossa história recente e você vai ver que o que estou falando faz sentido. Em 2017, o Estado do Rio de Janeiro passou por longos períodos sem pagar seus servidores — muitos, inclusive, começaram a passar por dificuldades. Minas Gerais e Rio Grande do Sul também passaram por situações parecidas. Em Minas, por exemplo, faz apenas dois anos (em 2022) que o Governo Federal conseguiu regularizar o pagamento dos 13º salários e realizá-los sem atraso.

Quer ir mais longe nessa história? Veja a Venezuela, que tem pagado a bagatela de apenas 3 dólares por mês a seus servidores públicos.

"A Administração Pública da Venezuela é uma enorme máquina avariada. Corredores desolados, escritórios fechados, trâmites congelados, serviços inoperantes. A queda do poder de compra do Bolívar, a moeda nacional, transformou os servidores públicos em uma classe condenada à pobreza, ou em alguns casos à miséria. Os salários pagos neste setor – que congrega cerca de 2 milhões de venezuelanos, após anos de emigração e demissões voluntárias – são um reflexo do fracasso do modelo econômico impulsionado a partir de 1999, primeiro por Hugo Chávez e depois por seu sucessor, Nicolás Maduro. A pandemia acelerou a migração de funcionários não só para fora do país, mas também para o setor privado ou simplesmente para a inatividade, pois muitos acabam gastando todo o salário mensal no transporte para chegar aos locais de trabalho."

Claro, é possível argumentar que o Brasil está muito longe de chegar ao mesmo patamar de dificuldades econômicas enfrentadas pela Venezuela. Entretanto, é importante lembrar que a Venezuela, de 1950 a 1980, era uma das maiores economias da América Latina.[19]

O que quero mostrar é que, no mundo, tudo pode acontecer e a qualquer momento. Quem diria, por exemplo, que passaríamos por dois anos de medidas de restrição sanitárias e longos períodos de isolamento social por conta de uma doença respiratória que matou milhões de pessoas ao redor de todo o mundo?

---

19 https://www.bbc.com/portuguese/internacional-47423737

E não pense que o que estou escrevendo tem o objetivo de desestimular um leitor que pensa na carreira pública como uma possibilidade. Se esse é seu objetivo, vá fundo nele. A **principal lição que eu quero passar é que a estabilidade não existe e que precisamos estar preparados para isso.**

Não é diferente com o setor privado. Ser um funcionário contratado sob o modelo da Consolidação das Leis do Trabalho, a famosa CLT, não impede ninguém de passar por maus bocados. Se até o Estado pode quebrar e deixar de pagar seus servidores, quem pode garantir que uma empresa ficará com suas contas no positivo para sempre? Em caso de demissão, a única coisa que a CLT garante é o recebimento dos benefícios pelos quais você, enquanto trabalhador, contribuiu. Passado isso, é você por você mesmo correndo atrás de conseguir algo de novo.

Por esse motivo, sua carreira precisa ser bem-estruturada, com uma base sólida. Antes de pensar na carreira, no entanto, temos que ter uma base sólida para toda a vida, e é aí que entra o tripé de segurança do método DRE.

As nossas três bases de apoio são o dinheiro, por meio de uma boa educação financeira e de planejamento adequado para vivermos uma vida tranquila, mesmo nos momentos de adversidade; os relacionamentos, que nos ajudam a nos reestabelecer no mundo – seja por meio do apoio que pessoas próximas nos oferecem durante os momentos de dificuldade, seja com aquelas pessoas que cruzam o caminho para ser uma porta para boas oportunidades; e o emocional, que precisamos trabalhar para que possamos passar por qualquer coisa de maneira saudável e positiva. Ficar triste, ter sentimentos negativos, ter raiva de uma ou outra situação — tudo isso é normal. Mas precisamos nos preparar para que o que é ruim não nos controle, não assuma o ritmo das nossas vidas.

Quando temos essa base de segurança muito bem-firmada, fica mais fácil de entender que nossas carreiras são maiores do que nossos empregos, tema do qual falamos no terceiro capítulo deste livro.

Você lembra a diferença entre aquilo que é circunstancial e o que é estrutural? Muitas vezes, quando temos que encarar grandes desafios ou oportunidades, é normal e até natural que soframos uma confusão mental que influencie a tomada de decisão. Mas entender que o emprego é algo circunstancial em nossas vidas é essencial para que possamos priorizar o que é estrutural. Nunca se esqueça de que o prédio precisa estar construído (e muito bem-construído) antes de começar a pintar as paredes e decorar os ambientes. O que vai segurá-lo de qualquer tormenta, terremoto, ou qualquer fenômeno fora do nosso controle é uma estrutura firme e bem-feita, não as mobílias que colocamos depois.

É nesse sentido que quero te lembrar, também, dos propósitos de vida, do seu chamado para o mundo profissional. Pare por um momento e se questione:

- No que você é bom?
- Como você pode contribuir para o mundo e a sociedade com as suas habilidades?
- O que você gostaria de entregar ao mundo e à sociedade?
- Como você se enxerga daqui a alguns anos e o que gostaria de estar fazendo?

Não há problema nenhum se você não souber as respostas para essas perguntas agora. Não mesmo. O mais importante quando falamos de propósitos é buscá-los, e encontrá-los será consequência. Claro que é bem-afortunado aquele que encontra seus propósitos e trabalha com eles desde cedo, mas a simples busca já é capaz de trazer a motivação necessária para os dias de luta – além da sensação de recompensa nos dias de glória.

Não se esqueça de manter sempre a curiosidade ativa, reconhecer suas habilidades pessoais e trabalhar incessantemente o seu autoconhecimento. Se você sabe quem é e o que busca, nada é capaz de te deter, e mesmo os ventos mais fortes, que eventualmente podem te fazer balançar e sair um pouquinho da rota original, não serão o suficiente para te fazer se perder no caminho.

Invista no seu aprimoramento, trabalhe a sua marca pessoal, pense em como gostaria que as pessoas te enxergassem e sempre entregue seu melhor. Invista em você, invista na sua educação e saúde financeira. Crie e firme suas estruturas, com seu planejamento de vida e de carreira, sem deixar de lado seus propósitos e nunca esquecendo que você é maior que sua carreira, assim como ela é maior que qualquer trabalho.

Assim, eu te garanto, você tem as chaves para abrir a porta de uma carreira inabalável no mercado financeiro.

Agora que você me conhece e me acompanhou em toda essa jornada intelectual, saiba que pode contar comigo na sua trajetória e na construção da sua carreira. Releia o livro, grife-o, volte quantas vezes achar necessário. Além disso, também estou disponível nas minhas redes sociais para conversar, tirar dúvidas e ajudar em tudo que estiver ao meu alcance. Somos mais que amigos agora!

Boa sorte na sua carreira e que ela seja uma história de sucesso.

Agradecimentos

Por ser um livro sobre carreira, começo agradecendo, claro, às empresas que atuei como empregado, em que pude aprender. Agradeço a todos meus gestores, que me ensinaram muito.

Por outro lado, tenho de agradecer especialmente às pessoas que me ajudaram a chegar até aqui e que viram o Tiago, no caso eu, saindo de trás das barracas de frutas nas feiras livres na Zona Leste de São Paulo a estar à frente da T2 Educação, uma escola que, enquanto escrevo este livro, já capacitou mais de 80 mil alunos. Essas pessoas foram meus familiares. Minha mãe, Eunice, meu pai, Renato, Minha irmã, a Luciane e meu irmão, Fernando.

Ao escrever este agradecimento, fico pensando na minha mãe e meu pai que fizeram de tudo para que eu e meus irmãos pudéssemos, como dizíamos na época, "terminar os estudos". Terminar os estudos significava, no nosso caso, terminar o ensino médio na escola Estadual no bairro de São Miguel Paulista, o colégio Dom Pedro. A partir deste momento, começava a saga de trabalhar para poder pagar uma faculdade. Obrigado pai, obrigado mãe. Sem vocês, nada disso seria possível.

Por falar em possibilidade, destaco o quanto o apoio, participação e companheirismo da minha esposa, Tais, tornou tudo isso possível. Tenho a felicidade de ter ao meu lado uma mulher que, mesmo quando eu mesmo não acreditava no meu potencial, ela dizia que eu era capaz. A

Tais, que, aliás, já entrego aqui o significado do nome da nossa empresa ser "T2": é o segundo T da nossa empresa. Na verdade, a Tais poderia facilmente não ser o T, mas o S. Digo isso porque ela tem sido a sustentação da minha jornada e quem tem dado o apoio e base forte na construção deste livro e, mais do que isso, é quem tem tocado, nos bastidores, nossa empresa e tudo que envolve a gestão de uma empresa que cresce a cada dia. Como se isso não fosse o bastante, ela é também a sustentação do nosso lar e família. Obrigado, Tata. Te Amo!

Já que falei em sustentação, meu agradecimento alcança minha filha, Giovanna. Aliás, em 2006, quando nasceu, eu prometi a mim mesmo que me esforçaria para que ela tivesse muito orgulho de seu pai e eu pudesse ser exemplo pra ela em tudo. Nestes 17 anos da Gi, claro que errei bastante como pai e indivíduo, mas acho que o saldo foi bem positivo. Gi, sou um pai abençoado e orgulhoso da mulher que você está se tornando.

Além da família que Deus me deu, agradeço às pessoas que passam mais tempo comigo do que com suas próprias famílias. Estou me referindo à toda equipe da T2 Educação. Obrigado por vocês fazerem parte desta história. Vocês poderiam estar fazendo qualquer outra coisa da vida, mas escolheram dividir seu tempo com a gente. Espero que a T2 contribua cada vez mais na construção da carreira de vocês.

Meu agradecimento a todo o time da MQNR, editora que transformou minha ideia nesse projeto gráfico que espero que você, leitor, tenha aproveitado bastante. Além disso, claro, agradeço a minha assessora, Thaise, que, junto de sua equipe, ajudou a tirar as ideias da minha cabeça e organizá-las neste livro.

Um resumo deste agradecimento é o fato de que, nada do que você, leitor, viu nas páginas deste livro teria sido possível sem toda a rede de apoio e sustentação que tenho do lado de cá. Obrigado a cada um que, de um jeito ou de outro, contribuiu para este projeto.

Instagram
@T2EDUCACAO

Youtube
@T2EDUCACAO

TikTok
@T2EDUCACAO

A T2 é uma empresa que atua com qualificação profissional com foco no mercado financeiro. Temos cursos preparatórios para os principais exames de certificação profissional no mercado financeiro. Além disso, temos cursos focados em vendas e formação de especialistas em investimentos.

T2.COM.BR

Este livro foi composto por Maquinaria Editorial nas famílias tipográficas FreightText, Seravek e Meno Display. Impresso na gráfica Viena em fevereiro de 2024.